布光是门大学问

非学不可的摄影布光技巧

邢亚辉 著

电子工业出版社
Publishing House of Electronics Industry
北京·BEIJING

图书在版编目（ＣＩＰ）数据

布光是门大学问：非学不可的摄影布光技巧 / 邢亚辉著 . -- 北京：电子工业出版社，2019.6

ISBN 978-7-121-36845-5

Ⅰ . ①布… Ⅱ . ①邢… Ⅲ . ①摄影光学 Ⅳ . ① TB811

中国版本图书馆 CIP 数据核字 (2019) 第 112646 号

责任编辑：赵英华

印　　刷：北京缤索印刷有限公司

装　　订：北京缤索印刷有限公司

出版发行：电子工业出版社

　　　　　北京市海淀区万寿路 173 信箱　　邮编：100036

开　　本：787×1092　1/16　　印张：15.5　　字数：400 千字

版　　次：2019 年 6 月第 1 版

印　　次：2024 年 1 月第 10 次印刷

定　　价：99.00 元

凡所购买电子工业出版社图书有缺损问题，请向购买书店调换。若书店售缺，请与本社发行部联系，联系及邮购电话：(010) 88254888，88258888。

质量投诉请发邮件至 zlts@phei.com.cn，盗版侵权举报请发邮件至 dbqq@phei.com.cn。

本书咨询联系方式：(010) 88254161 ~ 88254167 转 1897。

前　言

　　十年前我创办了北京邢氏影像学堂，近三年除了日常的摄影教学和商业拍摄，更多的是利用业余时间完成了这本书的编写。

　　从事商业摄影拍摄以及摄影教学二十几年以来，总是有人问我类似的问题："人像摄影的光线应该怎么布置？""我有三个闪光灯应该怎么打光？""拍一个人我用单灯行不行？"等，我往往无言以对。如果你自己都不知道被摄的主体有什么特点、拍摄主题是什么、想要达到什么目的，我又如何回复应该如何布置呢！这就像你去餐馆吃饭问服务员："今天要吃什么呢？我应该怎么吃呢？"摄影用光也是如此，首先你要明确拍摄的主题是什么、主体有什么特点、客户有什么要求，然后才能确定要布置什么样的光线。

　　本书既是一本实用的人像摄影用光教材，更是本人长期摄影实战以及摄影教学经验的积累。本书在布光的讲解上，使用了大量的图片作为实例，并且使用了详细的案例分解，可以让读者更直观地了解光线的运用与控制。

　　本书内容从光线的基础构成到经典的用光模式、从包围光到持续光、从环境人像到外景人像的采光等都有详细的图文实例剖析，并配有我亲自手绘的光位图，力求全面、细致、生动。但文无第一、武无第二，书中难免有争议的地方，希望读者多提宝贵意见。

邢亚辉

目 录

Chapter 3　光线的五个特性

Chapter 4　光线的四大基础组合

Chapter 5　光线的测光和曝光

Chapter 12　外景人像拍摄的用光技巧

Chapter 13　夜景人像的用光技巧

Chapter 1

布光的硬件设备

摄影是一门用光的艺术，不同的摄影门类有不同的灯具和用光技巧，人像摄影主要是用灯光对被摄者进行表现，不同的灯光器材适合表现不同的被摄者、表现不同的主题、产生不同的光效。有的摄影师容易忽略灯光器材的性能及种类，针对不同的拍摄对象和主题应该选择什么样的灯光器材，怎样用光，灯光如何组合搭配不是很清楚，这样就很难拍摄出理想的人像作品。所以，摄影师必须了解各种灯具的性能并熟练地运用，这是专业的人像摄影师必须掌握的基本功。

闪光灯

闪光灯具发展得非常迅速，灯的种类越来越多，一般可分为以下几种类型：独立式影室闪光灯、电源箱式影室闪光灯、便携式闪光灯、热靴式闪光灯和环形闪光灯等。

闪光灯是一种瞬间发光的照明灯具，其瞬间发出的光线强度高、速度快，可以将动态的画面凝固，而且这类灯具的色温为5 500~6 000K，属于白光，能够很好地表现人物皮肤质感，真实地还原色彩，其特性非常适合拍摄人像，所以被专业人像摄影师广泛地使用。

1.独立式影室闪光灯

独立式影室闪光灯拍摄人像时使用最为广泛，它具有回电速度快、色温较稳定、操作简单等特点。拍摄人像时，所配套使用的设备也很多，而且价格相对比电源箱式影室闪光灯要实惠。

独立式影室闪光灯一般都有独立的电源线和灯架，移动起来较为方便，如果是大型的影棚，可以把它安放在任何位置。影室闪光灯一般由造型灯泡、闪光灯管、灯头、电源线、灯架等几大部分组成。所有的控制钮都安装在灯头上，通常灯头上会有电源开关钮、造型灯泡和闪光灯管电源的控制钮、造型灯泡和闪光灯管强度的调节钮、试闪钮、闪光连线插孔等，有了这些控制钮我们就可以根据自己需要的拍摄效果自由调节灯具的发光强度及发光角度等。因为影室闪光灯都是单独操作的，在触发时容易造成发光时间、发光强度不够统一等问题。所以在配备灯具时，尽量选择同一品牌和同一型号的影室闪光灯。

现在很多新型的影室闪光灯还具有快速回电的闪光功能，可以很好地配合相机的快速连拍功能，使我们在连拍的过程中可以保证影室灯的同步闪光，这样非常适合抓拍和商业拍摄。

▲ 独立式影室闪光灯

2.电源箱式影室闪光灯

电源箱式影室闪光灯配置一个电源箱，可以为插装在电源箱上的闪光灯头供电。一个电源箱上可以安装多个闪光灯头，这些灯头的控制钮都是安装在电源箱上的，可分别调节每一盏灯，它们可以单独工作也可以多灯一起工作，而且多灯一起工作时各项指标非常准确。

因为所有操作都是由电源箱上的调节面板统一操作的，所以它的稳定性、同步性非常好。对于专业的商业人像摄影师来说，往往对灯具的性能要求很高。比如，灯的回电速度要快、光源的色温要稳定、多灯一起工作时要求的闪光同步速度的差值尽可能小。这些非常严格的要求也是电源箱式影室闪光灯的特点所在。

▲ 电源箱式影室闪光灯

3.便携式闪光灯

便携式闪光灯一般用于拍摄外景人像，在没有电源的情况下作为辅助照明。这类闪光灯由于使用小型的外接电池作为供给电源，所以外形小巧、轻便，非常方便携带，除了发光强度小于影室闪光灯，对色彩的还原、质感的表现效果基本是一样的。

▲ 600W 的便携式闪光灯

▲ 200W 的便携式闪光灯及配件

4.热靴式闪光灯

　　这类闪光灯是安装在数码相机热靴上使用的。热靴式闪光灯的金属触点与数码相机热靴上的触点接触后，按动快门闪光灯就可以工作，也可以通过无线触发让它离机使用。它的外形和重量比便携式闪光灯还要小。大都由数节干电池作为供给电源，现在很多厂家也研发出使用锂电池供电的热靴闪光灯，基本分为一般性能和高速同步两种类型。热靴式闪光灯非常轻便，适合在室内环境和室外环境使用。

◀ 使用锂电池的热靴式闪光灯

5.环形闪光灯

　　环形闪光灯是一种既能安装在镜头前面也可以单独使用的环形灯光装置。使用环形闪光灯拍摄人像可以获得比较柔和、独特的阴影，从而获得独具创意的光影效果。当环形闪光灯被引闪时，灯头里面一圈灯管会同时发光，因此光线是呈环状包围的，而不是像普通闪光灯那样仅由上方或一侧发出闪光。所以，能够有效地消除闪光灯拍摄中的阴影。环形闪光灯如果安装在镜头四周，可以很好地和相机成为一体，也很适合抓拍动态人物。

持续光灯

持续光灯的最大优点就是"所见即所得"，布光时看到的光效基本上就是最终照片的光效。综合来看具有以下特点：

① 色温选择灵活，有不同色温选项可供选择。
② 连续式发光，清晰直观，便于调整光影造型效果。
③ 可以和其他灯具混合使用，拍摄出不同色温的混合光效果。
④ 灯的形式和品种多样化，可以根据主题营造多种画面氛围。

持续光灯基本可以分为两大类：一类是钨丝灯，一类是LED灯。

钨丝灯由于耗电量大、高温易损坏等缺点现在已经很少使用了。现在的主流持续光灯主要以LED灯具为主，所以本书也主要介绍LED灯。

近年来LED灯具生产技术有了很大的提高和发展，具有低电压、色温稳定、使用寿命长、响应速度快、抗震能力强、节能、环保等特点，所以LED灯得到比较广泛的应用。

LED灯的色温大致分为暖白、中性白和亮白三种。

◆ 暖白LED灯的色温在2 600~3 700K之间，属于暖色调光源，相当于石英灯的色温。
◆ 中性白LED灯的色温在3 700~5 000K之间，比太阳光的标准色温偏低，看起来比较柔和舒适。
◆ 亮白LED灯的色温在5 000~10 000K之间，属于冷色调光源，目视感觉很亮。

LED灯具可以分为聚光型、散光型、棒型、环形等。

1.聚光型LED灯

聚光型LED灯的照明特性通常有以下三点：

① 它发出的光线是一种较硬的光线，光斑清晰，具有明显的方向性，在被摄者身上容易造成鲜明的明暗反差，投影较清楚，能获得明亮的强光效果，可以有力地表现被摄者的立体形态。
② 使用聚光配件后它的光束直径较小，拍摄者便于控制它的照明范围。在它所照射的直径范围内，中心部分最亮，边沿部分较暗。
③ 使用聚光配件后光束的边沿部分有明显的明暗分界线，受光区域和非受光区域的界限比较分明，特别适合用于局部照明，有利于塑造局部光斑。

2.散光型LED灯

面板式的散光型LED灯具具有发光面积大、光线柔和细腻（如果加了柔光布光线会更加柔和）的特点。

散光型LED灯一般有三种特性：

① 它发出的光线是一种软光，在被摄者身上造成的明暗反差较小，投影比较柔和。

② 照明区域大，亮度比较均匀，适合大面积的均匀照明。

③ 光束边沿由亮到暗过渡均匀，明暗分界比较柔和。使用时最好在灯的前面蒙上半透明的白纸或柔光布，使光线更柔和一些。

3.棒型LED灯

　　棒型LED灯一般作为主光使用，更适合塑造轮廓。对于眼神光的塑造也很棒，调节手持方向可以表现出不同类型的眼神光。通常可以结合现场光作为辅助光源拍摄婚礼人像以及环境人像。

　　棒型LED灯一般有三种特性：

① 可以充电，方便携带。

② 色温可以调节，适合营造不同的画面气氛。

③ 体积小，方便各个角度照明，也可以使用灯架支撑。

4.环形LED灯

环形LED灯发光面积大，光线均匀、柔和。

环形LED灯一般有三种特性：

① 适合拍摄唯美的人像特写，在人物的眼睛里产生漂亮的环形眼神光。
② 它发出的光线是一种软光，明亮干净几乎没有反差。
③ 照明区域较大，亮度比较均匀，适合局部的均匀照明。

灯具的常用配件

人像摄影中，除了主要的灯具配置，还会使用到一些常用的灯光配件，如柔光箱、灯架、反光伞等，下面我们就分别来进行讲解。

1.柔光箱

柔光箱是和闪光灯配套使用的，起到柔化光线的作用，有利于对人物的塑造。柔光箱的规格一般分为600mm×600mm、900mm×900mm、1 200mm×900mm等。柔光箱的形状有方形、六角形以及蜂巢形。蜂巢形柔光箱具有聚光的作用，使闪光更具有方向性。

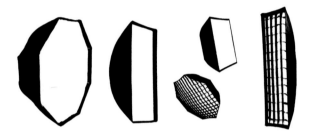

2.影室灯灯架

影室灯灯架是影室灯的支撑，一般分为背景灯架、影室灯架、K型灯架等。

◆ 背景灯架主要是给背景灯光使用的，一般比较短小或带轮子。
◆ 影室灯架主要是给主辅灯光使用的，一般为直立支撑型。
◆ K型灯架主要是给头发光、顶光使用的，一般体积比较大并带有配重。

3.反光伞

反光伞是比较经典的影室灯用配件，分为外黑内金与外黑内银两种。反光伞的光线反射能力较强，反射的光线介于软光和硬光之间，有利于表现人物皮肤质感。

4.柔光伞

柔光伞是白色半透明的伞，可以对影室灯的光线进行柔化。柔光伞能够使光线产生漫射，消除或减弱灯光阴影，从而使被摄物看上去柔和而细腻。柔光伞离灯泡越近，柔光效果越弱，反之则越强。

5.雷达罩

雷达罩也是利用反射光进行照明，反射出的光线介于软硬之间。由于雷达罩形状固定，因此制造的精度较高，可以很好地把闪光灯发出的光线精确均匀地反射到一个较大的面积上，有利于造型的控制。搭配蜂巢滤片可以在较大的面积上形成一个较为均匀的直线光束。雷达罩本质上就是在裸灯的硬光前面加入一块挡板，其得到的光线属于二次反射光，所以硬中带柔，最适合用来表现被摄者的质感。雷达罩分为内白雷达罩、内银雷达罩和雷达蜂巢。

6.标准反光罩

标准反光罩是影室灯的基本配置，一般直径约250mm，内壁为银色表层，反射光线强并有聚光的功能。

7.遮光与聚光工具

四页片

一般是配合影室灯使用，对光线有遮挡的作用，可以控制光线方向、范围。

蜂巢

一般是配合影室灯和四页片共同使用，起到聚光效果，光线的方向性较强。可以突出人物重点部分的塑造，容易产生反差大的效果。

色片

一般是配合影室灯和四页片共同使用，起到改变光线色温的效果，可以很好地营造气氛。

聚光筒

聚光筒是有很强聚光效果的圆锥形聚光罩。如果再透过插入式的蜂巢栅，光束更为集中，可以突出强调被摄者的局部。

8.闪光灯无线引闪触发器

触发器是连接相机与闪光灯的引闪装置，无论在室内或室外都可以引闪，快捷方便。使用时感应接收器插在闪光灯上，引闪触发器安装在数码相机的热靴上，按下快门的瞬间即可同时引闪闪光灯。现在的新型闪光灯基本都具有内置式接收器，只需要配备一个发射器，这样使用起来更加方便。

9.反光板

反光板是拍摄人像不可缺少的辅助照明工具。在表现暗部的细节时，用灯光直接照明会显得过亮，容易破坏层次，这时就可以用反光板对暗部进行补光。反光板的规格很多，大体可分为两类：不可折叠式反光板和可折叠式反光板。

不可折叠式反光板

这种反光板是由一种密度较高的白色塑料泡沫制成的，也叫米波罗板，被众多人像摄影师广泛使用。为了方便使用也可以将它切割成你所需要的尺寸和形状。它反射出的光线非常均匀、柔和，色温也很正常，是拍摄人像的理想的补光工具。但因为不便于携带一般只能在影棚内使用。如果在大型影棚拍摄，最好使用泡沫板，因为它的面积大，反射出的光线柔和、均匀，更适合表现人物的质感和层次。

可折叠式反光板

这种反光板通常是由一种特殊的布料制成的，外面加一个钢圈，可以折叠。它可以分为普通的二合一反光板和比较复杂的五合一反光板，可以使用专门的反光板架子。

二合一反光板：一面是金色一面是银色，这样便可以反射出两种不同色温的光线。用金色的一面反射出的光线呈金黄色的暖调，用银色的一面反射出的光线基本接近5 500K的白光，能很好地还原色彩，这种反光板很适合拍摄外景人像时使用。

五合一反光板：包括金色、银色、白色、黑色和柔光五个变化面，具有遮光、吸光、反光、柔光等作用。

在使用反光板进行补光时，要注意根据光源的位置和拍摄人物的高度，做好相应的调整，这样才能更好地控制反射的光线，达到最终所要表现的补光效果。

相机与镜头

人像摄影中，除了主要的灯具配置，相机的选择也至关重要。下面主要针对人像摄影的拍摄，向大家介绍几款最新的专业机型以及镜头的配置。

1.相机

对于人像摄影来说，我们往往首先要追求被摄人物的肌理清晰、质感细腻、层次丰富，以及色彩还原准确。其次针对人物精彩神态以及动作的抓拍，这就要求相机要具有快速的对焦性能，以及高速的图像处理速度。这里以尼康的两台相机为例：尼康D850（单反）和尼康Z7（微单）。

尼康D850拥有约4 575万有效像素和ISO 64~ISO25 600的感光度范围，还具有丰富的功能，在使用机身锂离子电池组EN-EL15a时可达到约7幅/秒的连拍速度。另外，尼康D850还拥有153点自动对焦（AF）系统。尼康D850适合拍摄各种题材，尤其在商业摄影方面的表现尤为突出。

尼康FX格式数码微单相机Z7，体积小巧，拥有约4 575万有效像素，充分利用新尼克尔Z镜头提供的良好的光学性能，针对静止图像和视频提供边缘到边缘的精致细节。此外，宽广的493点复合自动对焦系统具有良好的对焦精度，新型EXPEED6影像处理器有助于实现更清晰的影像。借助尼康的光学和成像技术，约369万像素的Quad-VGA电子取景器可提供清晰的视野和舒适的拍摄体验,使用眼部侦测自动对焦（AF）可以轻松拍摄人像。

2.镜头

镜头的种类非常多，这里给大家介绍的主要是适合人像摄影使用的镜头。首选中焦段镜头，这个焦段的镜头适合表现人像的基本景别，方便摄影师与被摄人物的沟通，同时大光圈以及高质量的镜片是拍摄出高质量人像作品的保证。例如，尼康AF-S尼克尔85mm F1.4G定焦镜头、AF-S尼克尔 58mm F1.4G定焦镜头、AF-S尼克尔24-70mm F2.8E ED VR变焦镜头。

长焦镜头具有大光圈小景深，很容易突出被摄人物，是拍摄外景人像的首选。比如，AF-S 尼克尔 70-200mm F2.8E FL ED VR变焦镜头。

广角镜头在拍摄人像的时候用得较少，但是不代表广角镜头不能拍摄人像！广角镜头视角宽广，具有大景深，适合表现大场景以及透视夸张效果，如果利用得好会使画面极具视觉冲击力。比如，AF-S 尼克尔 14-24mm F2.8G ED 广角变焦镜头。

相机：尼康 Z7 镜头：尼克尔 24-70mm
光圈 F16 快门速度 1/125s

相机：尼康 D850 镜头：尼克尔 24-70mm 光圈 F8
快门速度 1/125s

▲ 相机：尼康 D5 镜头：尼克尔 14-24mm 光圈 F5.6 快门速度 1/125s

　　作为专业的人像摄影师，器材的选择是很关键的，是保证我们拍摄出好作品的前提条件。

Chapter 2

光线的五大构成

　　摄影是用光线来作画，摄影师离不开光线。人像摄影中的用光更是摄影师的必修课，那么本章就从光线的基础构成讲起。人像摄影所用的光线包括：主光、辅助光、轮廓光、背景光和修饰光。

主光

　　在人像摄影的布光中占据主导地位，主要用于塑造人物形象、形体。在画面中主光起决定性作用，其他光线起陪衬作用。作为主光照明的光源性质并不是单一的，可以根据主题要求选择不同的灯具来做主光照明的练习。

▲ 硬光做主光

▲ 柔光做主光

使用硬光做主光，被摄者反差较大、立体感较强、肌理较为明显。

使用柔光做主光，被摄者反差较小、立体感较弱、肌理较为柔和。

辅助光

辅助光就是辅助主光对被摄者进行塑形的光线，主要针对由于主光照明所形成的暗部阴影，起到平衡亮部与暗部的明暗之比，控制人物阴影部分的质感、层次以及反差的作用。辅助光可以是自然环境中的反射光，也可以是人造光（光源为持续光灯或闪光灯），一般都会在光位、角度、投射距离、光照强弱、光质软硬等方面加以控制，以有效地发挥主光和辅助光的造型作用。一般情况下辅助光的亮度应该低于主光，根据画面的主题以及拍摄对象的不同辅助光的选择也会不同。

◀▶　使用辅助光的效果

轮廓光

　　轮廓光是来自被摄主体后方或侧后方的一种光线，具有很强的造型效果，它能有效地突出被摄主体的形态和线条，区分被摄主体与陪体、被摄主体与环境背景的关系，特别是被摄主体的影调或色调同背景混为一体时，轮廓光能够像画家手中的笔一样，清晰地勾画出被摄主体引人注目的轮廓。主要是为了突出被摄主体，拉开其与背景的空间距离，既可以使被摄主体"跳"出来，又能增强画面纵深感。

　　确定主光与轮廓光的主次关系。在一组成功的光线照明组合中，轮廓光一般不能太亮。光线太亮或光线亮度跳跃幅度过大，会破坏整体用光和谐。

　　轮廓光的角度位置应准确，主要置于被摄主体后方或侧后方，要根据主光的照明方向来定，否则容易破坏其他光线的照明效果。

　　轮廓光的软硬、强弱要视创作意图而定。当要强调被摄主体的质感时，轮廓光可以偏软，并且不宜过亮，与主光的光比不要过大，要保证被摄主体受轮廓光照射部分的基本质感和层次。

　　但是轮廓光作为隔离光使用时，或要特别强调它的明快、跳跃的光效时，亮度可以加大。这时的轮廓光即使失去层次曝光过度也可以，反而会使画面生动、夺目。作为隔离光使用时，一定要控制在被摄主体轮廓四周投射光的粗细和均匀程度。投射光过粗或局部形成条块状光斑，会影响轮廓光线条的流畅，破坏造型的完整性。轮廓光过强容易形成夹光，破坏被摄者的结构。

当轮廓光用色光时，用色既要合理、与主题相符，又要控制亮度和光比。光线强度过亮或曝光过度，会使色光失去颜色或者变浅，那么则失去了使用色光的意义。

背景光

　　背景光是用来照亮环境背景的光。它的主要作用是突出被摄者，并用来调整主体与背景的明暗对比，营造特定的环境气氛，或增强背景的空间感。如果想把被摄者同背景区分开来，则有必要对背景进行单独照明，于是就有了所谓的背景光。

　　背景灯有多种布光的方法，在背景的一侧照明，使背景产生了从左至右的均匀明暗变化，适合较明亮的背景，变化细腻柔和。

　　背景灯还可以从下向上产生渐变效果，背景光效有神秘感，适合烘托气氛，使被摄者产生高大的感觉。

　　中心渐变的背景灯打法也是非常实用的。将背景中间照亮，四周逐渐变暗，可以将被摄者直接托出画面，尤其适合表现人物的形体曲线和肢体线条的变化。

然而，背景光的运用要照顾到背景的色彩、距离和照明的角度等，搞不好就会弄巧成拙，因此，需要对背景光进行反复调整才能用得恰到好处。背景光一般宽广而柔和，并且均匀，对明度的处理颇具匠心。它直接影响到整个画面的情绪和氛围，可明朗、生动，可沉闷、死板。如果能做到或明而细腻或暗而透明，使背景光成为画面乐章中有神韵的跳动的音符，则要有相当丰富的用光技巧。

　　背景光也可以使用色光，这样会产生多姿多彩的梦幻变化，对画面的氛围营造有着独特的作用。

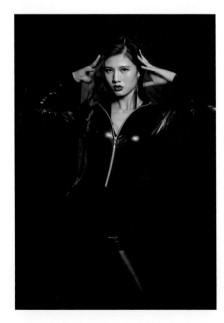

利用一些工具在背景上营造出光影的变化，可以很好地表现出环境特征，彰显人物的情绪变化。

修饰光

修饰光是指照射被摄对象某一局部的光线。例如，人物服装的局部光、眼神光、头发光，以及用于场景某一局部的光线。用修饰光的目的是起到突出局部重点以及点缀的作用。修饰光的用法比较自由，可以从各种角度进行照明。一般常用较小的灯具或聚光的辅助工具。修饰光的运用不能显示出过多的人工痕迹，不能破坏整体照明效果。

修饰光的运用要注意结合主题，本着整体—局部—整体的原则，切不可为了强调局部特征而喧宾夺主或者破坏整体光效。

◀ 画面中使用修饰光对人物头发进行照明，表现出了头发的质感与层次

画面中漂亮的眼神光也属于修饰光

Chapter 3

光线的五个特性

光线是有"性格"的，不同的特性所体现出的光效不一样。尤其是人像摄影，对于人物的性格、神态的刻画更是与使用的光线息息相关。人像摄影用光的基础特性包括：光位、光质、光强、光比、光色等。

光位

光位就是光线相对被摄者所在的位置。在画面中选择光线的位置至关重要，不同的位置对塑造人物的形象、形体有着决定性的作用。横向光位可以分为顺光、前侧光、侧光、侧逆光、逆光等。纵向光位可以分为顶光、前顶光、水平光、底光等。

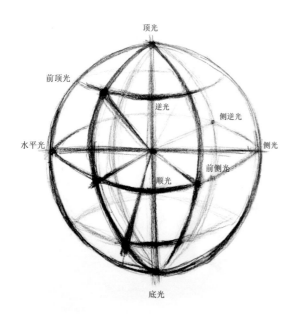

1.光位的水平变化

▲ 前顶光的水平位置变化

▲ 水平光的水平位置变化

▲ 底光的水平位置变化

顺光

顺光也叫"正面光"，光线投射方向跟相机的拍摄方向一致。使用顺光照明，被摄人物受到均匀的光线照射，画面明亮、干净。

此图使用了顺光照明，被摄者整体明亮。
顺光适合表现青春靓丽的主题

注意：

① 人物的立体感不够，处理不当会显得比较平淡，所以顺光拍摄人像要靠人物自身的结构来表现立体感。

② 顺光照明不利于表现空间立体感，会使画面前后产生叠加。

③ 顺光照明下被摄者的优缺点暴露无遗，所以，顺光照明适合五官标致、脸型较好的被摄者。

前侧光

光线投射方向与相机大约呈45度角。在人像摄影中，经常被用作主要的塑形光，也就是主光。

这种光线能使被摄者产生明显的明暗变化，能很好地表现出被摄者的立体感。

◀ 此图使用了前侧光照明，让被摄者更有立体感。再结合其他辅助光线，让画面过渡柔和

注意：

① 前侧光会让人物的立体感较强，不适合脸部过于消瘦的被摄者。

② 前侧照明灯位的微微移动都会产生不同的光效，所以，要仔细观察暗部的投影方向和面积。

侧光

光线投射方向与相机的拍摄方向大致呈90度角。侧光照明会形成非常明显的明暗对比，也可以称为阴阳光。对被摄者的质感有较强的表现力，比较适合表现神秘的题材。

▲ 此图使用了侧光照明，让被摄者的立体感变得很强

注意：

① 半明半暗的反差对曝光来说会产生较大的难度。

② 使用侧光照射被摄者正面时，明暗分界线基本会出现在面部中间，对被摄人物的五官结构要求比较高，尤其是鼻梁。如果鼻梁不直，在侧光的照明下会更加明显，所以鼻梁不直的人不要拍正面角度。

侧逆光

　　光线投射方向与拍摄方向约呈135度角。这时的被摄者，大部分处在阴影之中，被照亮的一侧往往会形成一条轮廓线，能较好地表现模特的轮廓和立体感。

　▲　此图在人物的侧后方使用了轮廓光照明，让被摄者更有立体感，同时突出表现了人物的线条

注意：

　　① 侧逆光会使被摄者产生大面积的暗部（尤其是外景），所以，补光就显得尤为重要。

　　② 侧逆光会突出被摄者的轮廓曲线，所以要求被摄者的曲线要流畅、漂亮。

　　③ 侧逆光产生的轮廓线可以明显地将被摄者和背景分离。

逆光

　　光源和相机拍摄方向相对呈180度角，一般会在被摄者的背面进行照明。在逆光条件下，被摄者大部分会处在阴影之中，只有轮廓会显示出来。

　▲　此图使用了逆光照明，让被摄者四周产生明亮的轮廓线条

注意：

　　① 逆光会使被摄者产生明显的轮廓线，可以使被摄者与背景环境分离。

　　② 逆光可以使被摄者产生大面积的暗部，适合表现神秘的题材。

　　③ 逆光拍摄要注意镜头不能吃光，以免产生灰雾。

2.光的高低变化

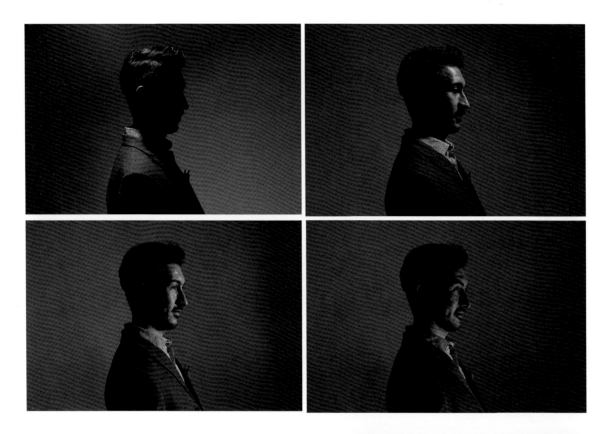

顶光

来自被摄者上方的光线，相当于中午的太阳光。但在顶光照明下会让被摄者前额发亮、眼窝发黑、鼻影下垂、颧骨突出、两腮有阴影，不利于塑造人物形象的美感。

注意：

① 使用顶光要注意被摄者的角度，以免强烈的垂直投影破坏人物的结构。

② 顶光照明要有相应的辅助光配合使用。

▶ 此图是一幅优秀的顶光照明作品，立体感强，过渡柔和，模拟出了中午阳光的光效

前顶光

前顶光在被摄者的前上方，会产生从上向下逐渐变暗的渐变光效，常用作蝴蝶光、环形光布光的主光。

◄ 此图使用了前顶光照明，形成中间明亮两侧较暗的光效

注意：

① 使用前顶光要注意被摄者的面部结构，颧骨过高的被摄者不适合使用，以免强烈的投影破坏人物的面部结构。

② 前顶光会使被摄者面部的两个侧面变暗。所以，脸型过于消瘦的被摄者不适合使用。

③ 使用前顶光时要注意进行合理的补光。

底光（脚光）

低于被摄者面部的光线都可以称为底光或脚光。这种造型光线会形成自下而上的投影，产生非常特别的造型，用作刻画特殊人物形象、特殊情绪，渲染特殊气氛，也可以给人物的面部或衣服补光。

▲　此图展示了底光的光效，光照特点明显，适合营造特殊气氛

注意：

① 底光要注意强度的控制以免产生鬼光效果。

② 底光可以把被摄者的下巴照亮，适合脸型过于消瘦的被摄者。

③ 使用底光要注意光比的控制，一般情况下底光会略弱于其他光线，做主光时除外。

④ 底光除了可以消除被摄者的眼袋、笑沟、阴影，还可以给人物的衣服、下肢进行补光。

光质

　　光质是指拍摄所用光线的软硬性质，可分为硬光和软光。硬光即强烈的直射光，如晴天的阳光、影室灯的裸灯发出的光等。软光是一种漫散射性质的光，没有明确的方向性，在被照物上反差小、投影不明显，如阴天的光线、带有柔光箱的影室闪光灯发出的光等。

1.硬光（直射光）

　　硬光照射下的被摄主体表面的物理特性表现为：受光面、背光面及投影非常鲜明，明暗反差较大，对比效果明显，有助于表现受光面的细节及质感。

▶　在影室内使用了裸灯闪光灯硬光照明，被摄人物立体感强、反差较大

室外的光线变化多端，没有任何遮挡的直射阳光也属于硬光。被摄者在直射光下，明暗反差大，投影非常明显。

◀ 利用直射阳光拍摄，光源方向明显，被摄者立体感强

注意：

① 使用硬光照明，被摄者反差大，要进行合理的补光。

② 使用硬光拍摄，在曝光上要基本以亮部的曝光为标准，对暗部进行合理调控。

2.软光（散射光）

软光的特点是光线柔和，强度均匀，光比较小，形成的影像反差不大，主体感和质感较弱。在室内拍摄使用柔光箱对闪光灯进行柔化，这样得到的光线就是散射光，让被摄者的皮肤看起来更细腻、柔和。

◄ 在影棚中使用柔光灯、在室外选择阴天或在阴影中进行拍摄，这样得到的光线就是柔和的散射光，画面反差小，层次丰富、细腻

注意：

① 使用柔光拍摄，光质过于柔软，这时要注意被摄者的质感塑造。

② 散射光照明让画面过于平淡，可以适当使用光质较硬的闪光灯增加立体感。

光强

　　光强就是光的明亮程度，即光的强度。不同的光源所发出光的强度不同。例如，晴天的阳光或者功率较大的闪光灯的光线强度比较强，蜡烛、月光以及部分室内的照明光线等就属于弱光。

1.强光

　　在这样的光线条件下如果不对曝光量进行控制，拍摄人像不但会让被摄者面部以及服饰失去层次，还会减弱物体的固有色。

　　▲　利用强烈的阳光照明，被摄者立体感强、反差大，质感突出

▲ 直接使用强光照明，被摄者的影调反差大、立体感强

2.弱光

在弱光条件下拍摄不利于表现细节和层次，也不利于表现色彩，但是弱光非常善于表现气氛。所以，在弱光条件下拍摄人像时的补光和选择摄影设备就变得非常重要。在影棚拍摄人像使用的影室闪光灯的光线强弱是可以调节的，可以通过控制光线强弱拍摄出各种不同效果的人像摄影作品。

注意：

① 夜景拍摄要注意进行恰当的补光，以及平衡背景的光比。

② 弱光照明下被摄者质感不强，要对相机进行增加锐度的设置。

③ 弱光照明下相机的感光度设置要适当增加，但是要选择高感降噪功能强、宽容度大的数码相机。

▲ 酒吧的拍摄现场也是弱光照明，选择高像素的数码相机和补光很有必要

▲　夜景拍摄时的控光是很关键的

光比

  光比是指照射被摄者亮面和暗面的光线强度之比。拍摄时采用不同的光比便会产生不同的效果，拍摄人像常用的光比有1:1、1:2、1:4、1:6，光比的计算方法比较简单，首先要使用测光系统对被摄者亮部与暗部分别进行测量，测得的两个数值分别是亮部的光圈系数与暗部的光圈系数，这两个数值之间相差级数的平方就是被摄者亮部与暗部的光比。

  如果两者之间相差一级那么光比为1:2。例如，F8与F5.6的光比为1:2；F11与F8的光比为1:2；F11与F5.6的光比为 1:4。

  在影室内使用较小的光比，画面的影调反差适中，暗部投影透明，被摄者明亮干净，形成了高调的效果。较大的光比使被摄者立体感强，画面气氛凝重、个性。

  光比影响着人像摄影的影调反差、细部层次和色彩效果。光比较小时，被摄者亮面与阴影面的亮度差别不大，影调反差较小，比较容易表现出丰富的层次和色彩。如果光比太小，影调又显得过于平淡，立体感也较弱。如果光比较大，被摄者亮面与阴影面的影调反差大，调子显得较硬，被摄者亮面与阴影面的色彩较难兼顾，细部层次也会有所损失。

注意：

  ① 要根据画面的主题要求、被摄主体的特征来合理选择光比。

  ② 光比的控制要注意合理补光，以免暗部出现噪点。

  ③ 光比选择要灵活，切莫生搬硬套。

使用了较大的光比，可以表现出被摄者的
情绪和画面氛围

光色

　　光色就是色温，色温是表示光源光谱成分的一种概念。通常说，色温就是表示光线颜色的一种标志，而不是指光的温度。

　　各种不同的光源之所以呈现出不同的颜色，就是因为光谱成分不同。我们已经知道，白光中包含等量的红、绿、蓝光，即等量的红、绿、蓝光混合呈白光。这种白光的色温约为5 500K。如果某一光源所含的红光成分多，其色温就低于5 500K，如一般用的钨丝灯色温为2 800K左右；如果某一光源所含蓝光成分多，其色温就高于5 500K，如蓝色天空光的色温达20 000K左右。光线越红，色温越低；光线越蓝，色温越高。

◀　闪光灯前面加了蓝色色片，这样使光线的色温偏高，使画面产生冷艳的效果

常用光源色温表

光　源	色　温（K）	光　源	色　温（K）
晴朗的蓝天	10 000~20 000	电子闪光灯	5 500
发蓝的多云天	8 000~10 000	热靴闪光灯	5 500
多云天	7 000	摄影强光灯泡	3 400
透过薄云的阳光（中午）	6 500	石英碘钨灯	3 300
平均的夏季阳光（10时至15时）	5 500~5 600	摄影钨丝灯	3 200
早晨或下午的阳光	4 000~5 000	150瓦家用灯泡	2 800
日出、日落	2 000~3 000	烛光	1 930

▲　傍晚的阳光色温较低，所以远处的地面呈金黄色，天空色温高呈蓝色，画面会产生冷暖对比的效果

◀ 阴天时，室外的散射光的色温较高，拍摄的画面偏青色调

注意：

① 光源色温的选择会直接影响画面的色调，所以要根据主题来选择。

② 不同光源的色温要选择对应的白平衡，以保证色彩还原准确。

Chapter 4

光线的四大基础组合

　　拍摄出好的人像作品不是简单了解光线的基础构成便可以的，所以，接下来要讲解几种常用的光线组合，由简至繁，步步深入，让大家体会到灯光组合作战的奥妙。

单灯

　　单灯拍摄，通常的理解就是使用一盏灯照明。但是所谓的"一盏灯"也是有很多变化的，比如，光质上的软硬变化、闪光与持续光的变化等。最常用的单灯照明方案是：单灯加若干反光板组合照明。那么，在什么情况下选择使用单灯照明呢？下面结合拍摄实例进行具体分析。

◀ 此图使用硬光单灯照明，主要表现被摄者的神态与情绪，使人物的个性得到充分表达

1.表现被摄者的个性

想要表现被摄者的个性特征时，可以首选单灯照明。因为单灯照明的明暗对比较强、反差较大，有利于个性的表现。

注意：

① 单灯照明使人物的立体感比较强，要注意被摄者的结构特征。

② 根据人物不同的个性特征，单灯在光质、光位、光色上是有多样选择的。

③ 要进行合理的补光，保证层次的过渡。

2.特定环境使用单灯

特定的环境就会有特殊的气氛，单灯照明就很适合表现一些具有特殊气氛的环境人像。

单灯照明能使被摄者产生明显的明暗变化，可以很好地和环境相融合。

注意：

① 根据环境的不同，合理地选择单灯照明。

② 单灯照明可以和环境的其他持续光线融合使用，这样更加符合环境特征。

③ 在特定环境下，要在色温上有所变化。

◀ 此图选用了一个古典的复古风格的主题，使用大面积柔光单灯使这样的主题更好地得到表现

3.突出质感

被摄者表面的肌理是我们拍摄时要重点表现的，如皮肤、服装面料等。往往质感和肌理表现不佳就会损失细节层次，不能准确还原色彩。什么样的光线适合突出表现质感呢？一般照明强度较大、光位是侧光时容易突出质感。那么，硬光单灯刚好可以满足以上要求。

◄ 此图使用了硬光单灯加格栅在侧光光位上照明，非常适合表现画面的肌理与质感

注意：

① 利用单灯表现质感，选择较硬光质和侧光位是非常适合的。

② 单灯强度对质感的塑造也起着较为重要的作用。

使用单灯加大反光伞，在前顶光的光位上
进行照明，这样会产生大面积的亮部和略
有反差的效果

双灯

双灯布光是最常用的布光方法之一，具有变化多、方便、快捷、灵活等特点。

1.平光

相机的左右各放一盏相同功率、柔性光质的灯。多用于拍摄明快、高调的人像。

◀ 此图使用了平光照明，画面明亮、干净，形象与形体都得到充分展现

注意：

① 平光拍出的人像干净、靓丽但容易显胖，画面立体感较弱。

② 平光照明下人物的形体、五官等特征一览无遗，对瑕疵没有遮盖作用。

③ 平光照明适合五官和形体端正、立体感较强的被摄者。

2.主辅光

主辅光双灯布光是人像摄影中常用的用光组合方法，可以方便快捷地控制被摄者的立体感与影调反差。根据被摄对象的不同、内容主题的差异、所要营造的艺术空间不同等，主灯与辅灯的组合可以考虑从光位、光质、光色上寻求变化。

3.主光、轮廓光的双灯布光

主光、轮廓光双灯布光，就是用两盏灯中的其中一盏做正面主光，表现被摄者的面部形态，而用另一盏灯加上蜂巢、四叶片等做轮廓光表现被摄者的轮廓形态。这种双灯的布光方案还可以有很多变化，下面以较为常用的两种布光组合为例给大家讲解。

主灯顺光 + 轮廓光

这种布光方案的主光由于是顺光，被摄者的面部影调明快。第二盏灯是轮廓光，一般光质较硬，主要用于勾画被摄者的轮廓形态，体现出线条的曲线特征。

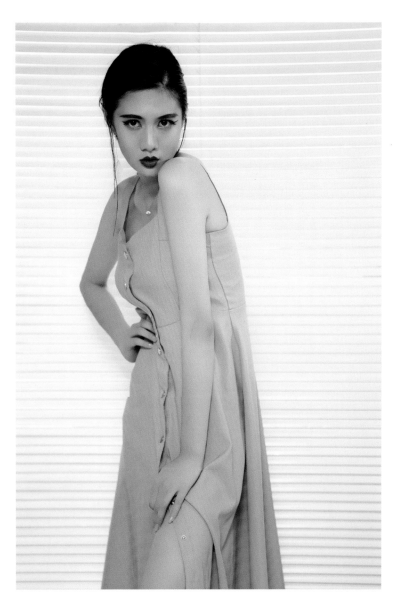

注意：

① 顺光做主光，人物明亮但是立体感较弱，被摄者本身的立体结构就很重要。

② 顺光做主光，轮廓光可以在人物的任何一侧。

③ 使用轮廓光要注意遮挡以免镜头吃光。

④ 轮廓光可以选择硬光也可以使用柔光，这要根据主题和人物形体特征来决定。

主灯反射光 + 轮廓光

主光为人物前方的反光板反射过来的柔和光线，这时被摄者面部比较柔和细腻，再配合轮廓光使被摄者的立体感、质感以及空间感都有较好的表现。

注意：

① 反射光做主光，人物立体感会较弱，适合拍摄清新亮丽的主题。

② 使用侧逆光打轮廓要注意镜头不能吃光，否则照片会发灰。

③ 轮廓光作为画面的唯一光源，要注意它的强度、面积与角度。

4.主光、背景光的双灯布光

主光加背景光的双灯布光较为常用，可以在背景环境中塑造各种光影以及光效，起到营造环境气氛、烘托主题的作用。

注意：

① 主光可以根据主体特征选择不同的灯位和光质。

② 背景光的光效有多种选择，可以在照明面积的色温上求得色彩变化。

③ 可以利用配件遮挡和格栅制造一些光影效果，让画面更有内涵。

5.主光、修饰光的双灯布光

主光是人像摄影中必不可少的，修饰光并不是必需的，但是有些画面主题、主体需要使用修饰光。所以，主光加修饰光的组合运用是较为实用的。主光可以选择顺光、前侧光、顶光、侧逆光等光位；修饰光主要用来突出局部和重点，如下图，使用了修饰光用来提升人物的头发质感。

注意：

① 主光还可以在光位上进行一些变化，可以位于高位前侧位置，也可以在水平顺光位置。

② 人物立体感会得到很好的表现，最好搭配使用反光板进行补光。

③ 但是修饰光不能强于主光或破坏整体布光氛围，否则就会出现喧宾夺主的反效果。

三灯布光组合

三灯布光变化多端，是很多棚内人像拍摄最常用的布光组合，有平光布光和立体光布光等组合。

1.平光布光

三灯平光布光就是使用三个柔光箱等距离地照亮人物，得到干净、柔和、亮丽的画面，但是对于立体感的塑造并不突出，需要靠被摄者自身的立体结构来体现。

注意：

① 三灯平光不利于塑造立体感，较为适合立体结构较强的被摄者。

② 适合柔和、明亮的主题使用。

③ 三灯平光可以使被摄者的皮肤得到细腻的表现，但是要注意锐度。

2.三灯立体光布光

主辅光加底光组合

主辅光布光使被摄人物具有立体感，在主光的下面增加底光，给人物的衣服、眼袋、脖子下面的阴影等进行补光。同时底光还可以使人物的眼睛更传神。

注意：

① 主辅光可以变换不同的光质和光位。

② 底光的强度要弱于其他光线。

主辅光加轮廓光组合

在主辅光的布光组合中增加次逆光，可以塑造被摄者的轮廓。这样在画面中增加了人物的立体曲线变化和远近空间感。

注意：

① 主辅光可以变换不同的光质和光位。

② 轮廓光要注意角度和强度。

③ 轮廓光要注意遮挡以免镜头吃光。

主辅光加背景光组合

在主辅光的基础上，再加上背景光的中心渐变的效果，可以将被摄者明显地衬托出来。

注意：

① 主辅光在光位和光质上可以变换不同的光质和光位。

② 背景光可以在照射角度、面积和色温上寻求变化。

主光加双轮廓光组合

使用单灯做主光、使用双侧逆光做双轮廓光照明。这样的三灯组合使人物的立体感强，并且通透有质感，突出人物曲线。

注意：

① 主光在光位和光质上可以有多种变化，如高前侧光、软硬前侧光等。

② 轮廓光要注意角度与适当遮挡。

鳄鱼光主光加轮廓光组合

上下夹光照明，使人物明亮并稍具立体感。在这个基础上增加轮廓光，突出被摄者的轮廓曲线，增加空间感。

注意：

① 上下夹光组合中，底光基本要弱于顶光。

② 轮廓光要适当遮挡或增加色温变化。

主光加双背景光

单灯主光加两盏背景灯照明，使被摄者立体感较强，背景光较为明亮，刚好可以衬托出具有明显明暗变化的主体人物。单灯主光可以有多种选择，如蝴蝶光、三角光、顶光等。下图就是使用了顶光照明，让人物具有雕塑感。

注意：

① 顶光做主光，人物立体感会得到很好的表现，最好配合使用反光板进行补光。

② 主光在光位和光质上可以有多种变化，如高前侧光、软硬前侧光等。

③ 双背景灯要注意角度和强度的控制。

主光、轮廓光加背景光组合

主光直接塑造被摄者的形象与立体感，轮廓光凸显人物的线条以及画面的空间感，较为均匀的背景光将整个人物衬托出来。这样布光会使被摄者产生立体、通透的感觉。

注意：

① 高前侧光做主光，人物的立体感会得到很好的表现，要注意合理补光。

② 背景光要根据人物明暗选择照明的范围与位置。

③ 轮廓光首选和主光相对应的对角线位置。

四灯布光组合

四灯布光组合较为复杂，变化更加丰富。四灯组合可以兼具平光和立体光的特点。在实际的操作中我们往往要根据创作主题，以及被摄者的具体情况进行布光。一般情况下，四灯布光可以在光质、光位以及色温等方面进行微调变化。

1.十字形的四灯布光

十字布光可以均匀地照亮主体，使人物干净、明亮、唯美。当我们要拍摄人物的全身或七分身时，四盏灯呈十字形布光但是距离人物要稍远一些。光线均匀、柔和有利于对人物的皮肤、服装层次进行细腻的刻画，但是强度稍弱，要注意画面的质感和锐度的表现。

注意：

① 十字布光让画面较为柔和，为了增强质感可以提高闪光灯指数。

② 在数码相机的设置中增加两挡锐度。

2.上下夹光加双侧逆光灯的四灯布光

　　上下夹光可以使人物较为明亮、立体，再增加了双侧逆轮廓光，使人物的曲线轮廓得到加强，并且营造出空间感，使人物与背景分离。

注意：

　　① 双侧逆轮廓光要注意遮挡以免镜头吃光。

　　② 同时要控制轮廓光的面积，过大过宽的轮廓光会破坏人物的结构。

Chapter 5

光线的测光和曝光

通常人们把按动相机快门使感光材料感光的这一瞬间称为"曝光"。曝光涉及光源、被摄对象，相机的光圈、快门，以及拍摄距离和胶片的性质等。摄影离不开光源，有光才有形，有光才有色，当光线投射到被摄对象上之后，由于被摄对象的质地结构与表面构成的不同，对光线表现出的反射、折射、吸收等现象也不相同。景物对光线的反射、折射与吸收，对人眼发生了作用，有的景物反射能力强，我们就感觉这些景物明亮；有的景物反射能力弱，我们就感觉这些景物深暗；还有的景物吸收了一部分光线并反射了一部分光线，我们就感觉这些景物是灰色的。摄影就是对进入相机镜头的光线进行控制，使之达到在胶片或者是数码影像传感器和存储器上记录景物影像的目的。控制光线的多少，主要依靠光圈和快门。

光圈

光圈是一个用来控制光线透过镜头，进入机身内感光面的光量的装置，它的大小决定着通过镜头进入感光元件的光线的多少。表达光圈大小是用F值，数码相机的光圈相对传统光圈进行了细化，这样更有利于准确控制曝光。

快门速度

快门速度的基本作用就是控制光线照射感光元件的持续时间。时间越短，进入机身的感光面的光线越少。如果把时间缩短一半，那么光线也会减少一半。在拍摄时，一定要先了解其快门的速度，因为按快门时只有考虑了快门的启动时间，并且掌握好快门的释放时机，才能捕捉到生动的画面。

感光度

ISO感光度是指数码相机的感光元件对光线的敏感度。ISO100对应的是基本拍摄环境，那ISO200就说明对光有高出一倍的灵敏度，可以应对比较暗的环境，而ISO400则再把感光度提高了一倍，以此类推。高感光度能够解决弱光条件下拍摄的难题，也可以让我们在相同的拍摄条件下，能采用更高的快门速度，实现抓拍的目的。但是注意，感光度越高照片的噪点就会越明显。

准确曝光

　　我们通常所说的"准确曝光"有两层含义：一是影像正常地反映了原景物的亮度关系，是对原景物客观真实的反映；二是控制曝光，使画面表现出摄影师的创作意图，从而改变原景物亮度与成像密度之间的关系，使原景物按摄影师的主观意图再现。

　　我们一般所讲的正确曝光，是底片上所获得的密度与拍摄者的要求一致或近似。从技术的角度看一张照片，在亮部中应该可以看到更亮的部分，暗部又有更黑的部分，这样的照片才有丰富的细节。照片的影调、色彩都与摄影的内容相吻合，色彩正常，颗粒细腻，层次分明。

曝光与测光之区域曝光理论

美国著名摄影家安塞尔·亚当斯的区域曝光理论，是半个多世纪以来摄影科学的基本理论之一。亚当斯在他所写的《负片与照片》一书中对此曾做过详尽的表述。他所介绍的方法虽然较为复杂，但是极其有用。有人曾指出，一旦掌握了这种方法，甚至是初学摄影者也能像经验丰富的老手一样，在按下快门之前就能预料到最终得到的照片是什么模样。只要掌握了这种方法，摄影者就会学会分析景物，对景物进行更为准确的测光，并根据测光的结果做出适当的曝光，从而把对景物的视觉印象忠实地或者创造性地再现在照片上。

简单地说，是将照片的影调分为0～10共11个区域，其中0区是全黑的区域，10区是全白的区域，1～9区是实际可以记录影像的区域，其中2～8区是可以有效记录细节的区域。

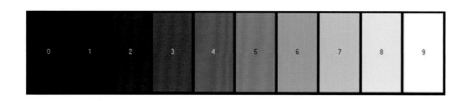

0区：相纸全黑色。也叫基调黑色。

1区：几乎黑色。暗淡光线下的阴影，未照亮的室内空间（大多数相纸对这个区的记录与0区一样）。

2区：灰黑。仅能暗示表面质地。

3区：黑灰。有表面质地化的影子，黑色的纹路和组织结构清晰可见。

4区：暗。暗色调的"黑"皮肤。暗色树叶，风景或建筑物的影子。

5区：中灰，18%灰色。暗色调的"白"皮肤，亮色调的"黑"皮肤。风化的木头，明亮的叶子，晴朗天空中最深的蓝色。

6区：淡中灰。一般无高光的"白"皮肤。明亮阳光照射在雪景上的影子。

7区：淡。苍白的"白"皮肤。阳光下的人行道。可见淡色织物的表面质地。

8区：微灰。几乎为白色。表面犹如平光中的白雪或白墙上的日光。

9区：不能表现质地的纯白。明亮阳光下的雪。也叫基调白色。

区域曝光是用来提供精确曝光，提高曝光精确度的一种工具。根据你所要表现的影调，在测光表得出数据的基础上，从表中获得精确的曝光。一区相差一级光圈。点测光表是一种反射光测光表，俗称"枪表"。它是测量光线照射到物体上再反射回来的强弱。点测光表的长处是能够测量很小物体上的亮度，可以用它测量人像摄影画面中细小局部的亮度。所以它是对曝光要求严格的摄影师拍摄专业图片的常用工具，在具体使用时往往结合区域曝光分区测算。

在拍摄时，首先对景物的光照情况进行分区，将最暗、最亮的区域分别设为0区和10区，然后将中间影调划分到1～9区内。确定曝光量的时候，以第5区测定的数值进行曝光，这样可以保证最大程度地保留画面的细节。

数码相机控制曝光的秘密武器——直方图与高光警告

1.直方图

　　直方图又称柱状图、质量分布图，也可以将直方图看成是区域曝光的简化版。数码相机都有内置的直方图显示功能，有单独显示的，有叠加在图像上显示的。当拍完一张照片的时候，就可以使用直方图来了解整个图像的影调与色调范围。直方图能够显示一张照片中影调与色调的分布情况，揭示了照片中每一个亮度级别下像素出现的数量，根据这些数值所绘出的图像形态可以初步判断照片的曝光情况。直方图客观反映了照片的曝光情况，在拍摄期间摄影师就可以用它来了解照片是不是控制在想要的曝光范围内。

平滑型——正确曝光照片的直方图

　　正确曝光照片的亮度色调分布应该是比较平均的，表现在直方图上其曲线形状看起来平滑饱满，由左端0位置开始，渐进变化，平滑过渡到右端位置，在各亮度等级上均有像素表现，并且在左端（最暗处）和右端（最亮处）没有溢出现象，保留着各亮度的细节层次。

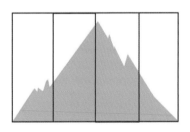

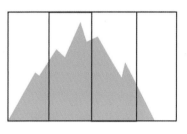

右坡型——过曝照片的直方图

　　过曝照片的直方图与曝光不足照片的直方图相反，像素集中于右侧并且溢出，而左侧的像素很少，从0（最暗处）到曲线波形的起始处有一段空白，像素很少甚至没有像素，照片的色调很亮，或有大面积的反光源。拍摄时可通过减少曝光补偿、缩小光圈或提高快门速度来调整。

左坡型——曝光不足照片的直方图

　　曝光不足照片的直方图曲线波形偏重于左侧，多数的像素集中在左侧，波形图的右侧有较明显的下降，并且其右侧到最亮处有一段空白，像素很少甚至没有像素。这种照片看上去过于暗淡，暗部较多，亮调不足，可通过增加曝光补偿、增大光圈或降低快门速度来调整。

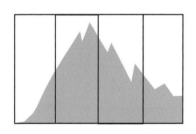

中凸型——灰蒙蒙照片的直方图

　　直方图上的像素集中在曲线的中间部位，波形在中间凸起，两边下降，接近0和255的位置没有像素，缺少暗调和亮调，对比度不足，照片看上去灰蒙蒙的，有点模糊。

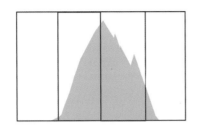

中凹型——高反差照片的直方图

这种照片的直方图曲线波形是两边高、中间凹陷，像素主要集中在左右两侧，中间很少。照片有明显的暗调和亮调，但中等亮度部分比较少，明暗反差大。

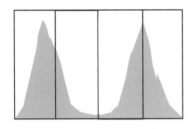

特殊型——高调与低调照片

高调照片整体曝光准确，但是几乎所有的曲线层次变化都表现在中灰、浅灰至亮部但不溢出，直方图左端只有很窄的一条到头，说明画面中的深色非常少。

低调照片整体曝光准确，但是几乎所有的曲线层次变化都表现在中灰、深灰至暗部但不溢出，直方图右端只有很窄的一条到头，说明画面中的浅色非常少。

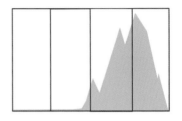

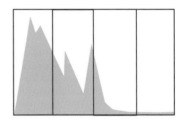

当然，上述几种形状只是比较典型的直方图，而且不同照片具有不同形状的直方图，所以，要正确应用直方图来判断曝光准确性，还需要多看、多比较、多实践。

2.高光警告

相机高光警告功能，可以及时提示你照片是否过曝，或过曝的区域是否过大，往往配合直方图功能一起使用。当直方图显示高光溢出时，也就是说画面曝光过度，这时候不能盲目地收小光圈或减少曝光补偿，应该根据高光警告功能显示的过渡的位置和面积进行理智分析。如果过渡的位置是合理的（如没有云彩的晴朗天空）那就可以忽略这种高光溢出；如果过渡的位置是不合理的（如大面积的服装部分或人物的局部），那就要调整曝光；如果过渡处是非常小的高光亮点（如珍珠项链的高光点），那么也可以根据实际情况不必调整曝光。

曝光与测光之向右曝光

在数码摄影中，应该对被摄者最亮的地方进行测光，使其尽可能靠近但不要超过相机动态范围的最右侧才有望取得最佳效果。

"向右曝光"原则提倡数码照片在保证高光部分不溢出（即高光部分的细节不丢失）的前提下尽量增加曝光。这样做的目的是，充分利用数码相机的亮度分布原理来获得更多图像信息。

① "向右曝光"能够减少照片上的噪点，是获得通透、干净画面的重要手段。

② "向右曝光"是根据数码相机成像原理提出的方法，符合传感器成像特性。

③ RAW格式配合"向右曝光"能够获得细节更丰富的高质量数码照片。

最理想的曝光方式：尽可能使直方图曲线向右分布但又一定不能过曝。这种曝光方式利用更多的亮度级别确保亮部细节不会丢失，同时越是向右曝光就留下了越多的亮度级别来表现暗部细节。很多人为了保留高光部分细节而故意对整张照片做欠曝处理而造成暗部发黑，所以通过调整曲线调亮暗部不可避免地就会形成噪点和颗粒。

数码相机的测光模式

　　根据测光元件对摄影范围内所测量的区域范围不同，目前的数码相机所采用的测光方式主要包括点测光、中央重点测光、矩阵测光等。

1.点测光

　　点测光就是只对一个点进行测光，该点通常和对焦点在同一个位置（其实是一个非常小的区域，不是传统意义上的点），这种方法的好处是可以根据摄影师的要求，对画面某一个点或者是被拍摄主体的面部等进行正确测光，而不会被附近的其他光线干扰。尼康D850还具有亮部重点测光模式，主要用于减少物体的亮部细节损失，比如拍摄舞台聚光灯下的人物。

　　（1）什么时候使用点测光。

① 当被摄主体是画面的局部时可以考虑使用点测光。

② 当被摄主体光比较大的时候，可以对希望曝光正确的局部进行测光。

③ 在逆光的情况下，希望被摄主体正常曝光时可以使用点测光。

④ 需要测量画面的多个局部然后进行分区布光计算的时候，可以使用点测光。

（2）点测光在相机不同拍摄模式中的使用。

1）在手动挡、光圈优先自动模式及速度优先自动模式下使用点测光，要参照曝光标尺。

	自定义设定 b2 设为 1/3 步长		
	良好曝光	⅓EV 曝光不足	3EV 以上曝光过度
控制面板	− ꞏ ꞏꞏꞏꞏꞏ ꞏ ꞏ +	− ꞏ ꞏꞏꞏꞏꞏ ꞏ ꞏ +	− ꞏ ꞏꞏꞏꞏꞏꞏꞏꞏ +
取景器	− ꞏ ꞏ ꞏ +	− ꞏ ꞏ ꞏ +	− ꞏ ꞏ ꞏ +

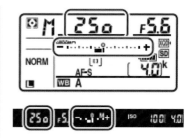

标尺显示曝光过度时：

① 光圈、快门不变，调整感光度；

② 光圈、感光度不变，调整快门；

③ 快门、感光度不变，调整光圈；

④ 光圈、快门、感光度不变，调整曝光补偿、遮挡光源或减弱光源等。

标尺显示曝光不足时：

① 光圈、快门不变，调整感光度；

② 光圈、感光度不变，调整快门；

③ 快门、感光度不变，调整光圈；

④ 光圈、快门、感光度不变，调整曝光补偿、增加光源或加强光源等。

曝光补偿：用于改变相机建议的曝光值，从而使照片变亮或变暗。在手动曝光（M）模式下，曝光补偿功能仅影响曝光指示，而不会改变快门速度和光圈值。

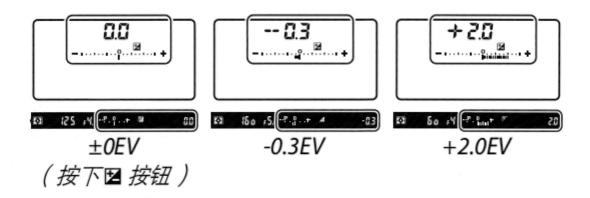

±0EV　　　　　　−0.3EV　　　　　　+2.0EV

（按下 🗲 按钮 ）

2）在程序自动挡、光圈优先自动模式及速度优先自动模式下使用点测光，要使用曝光锁定，否则很容易导致被摄主体曝光不准确。当曝光值被锁定时，取景器中会出现AE−L指示标识。

2.中央重点测光

　　如果被摄主体在构图上基本位于画面中心位置时，可以使用中央重点测光模式。中央重点测光主要是考虑到一般摄影师习惯将被摄主体也就是需要准确曝光的主体放在画面的中间部分，因此负责测光的感光元件会将数码相机的整体测光值有机地分开，中央部分的测光数据占绝大部分比例，而画面中央以外的测光数据起辅助作用。但是如果摄影师拍摄的主体不在画面的中央或处于逆光环境中，中央重点测光模式就不适用了。当测光完成后可以锁定曝光量，这样可以准确地测试出画面的主体、背景、衣服等的曝光值，然后通过直方图综合评测准确地达到画面的要求。

3.矩阵测光

　　在拍摄环境人像，但是主体并不是局部的时候，为了追求现场光线的真实感，以及想要减弱画面的明暗反差时，可以使用矩阵测光模式。它可以对画面中的高亮度和低亮度值进行截断处理运算出测光值，然后根据这个矩阵从测光值中选择一个值作为最终测光值。这样会起到平衡画面光比的作用。

Chapter 6
经典布光之伦勃朗布光法

　　荷兰大画家伦勃朗的油画一贯采用"光暗"处理手法，即采用黑褐色或浅橄榄棕色为背景，将光线概括为一束束电筒光似的集中线，着重在画的主要部分。这种视觉效果，就好像画中人物是站在黑色舞台上，一束强光打在他的脸上。有人将伦勃朗喻为"夜光虫"，还有人说他用黑暗绘就光明。

　　伦勃朗对光的使用令人印象深刻，他独到地运用明暗，灵活地处理复杂画面中的明暗光线，用光线强化画中的主要部分，也让暗部去弱化和消融次要因素。他这种魔术般的明暗处理构成了他的画风中强烈的戏剧性色彩，也形成了伦勃朗绘画的重要特色。所以真正的伦勃朗用光其实就是压暗四周提亮主体！照亮主体的光线经常会在人物面部的暗部出现一个三角形，所以有的人也把伦勃朗光称为三角光，其实三角光只是伦勃朗光的一个特例。

压暗四周突出主体

　　利用光线将主体照亮并把四周压暗，这样的光效基本上要利用特殊的工具，如聚光筒、蜂巢和雷达罩等。这些灯具的辅助工具不是只有大型的专业影室灯才有，小型的热靴灯也有。小型热靴灯也可以通过调整zoom数值为长焦端，这样就会出现聚光闪光的效果。这样的光效可以很好地简化背景，将画面的主体直接凸显出来。

伦勃朗光的典型代表——三角光

　　通过布光使被摄者脸部的任意一侧呈现出三角形的阴影。它可以把被摄者的脸部一分为二，随着被摄者面部的角度变化三角光的光效各不相同，基本可以分为左右三角光和前后三角光。

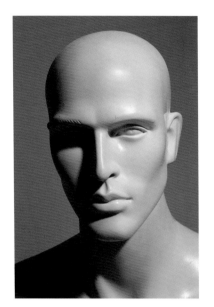

▲　右侧三角光

▲　左侧三角光

　　左右三角光在拍摄被摄者正面角度时才会出现，可以让被摄者变得消瘦。三角光效出现在左侧还是右侧取决于被摄者的面部结构与特征。

▲　后三角光

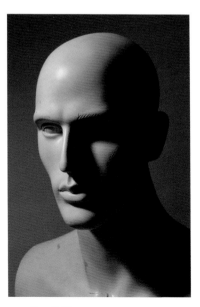

▲　前三角光

前后三角光在拍摄被摄者侧面角度时才会出现。后三角光使被摄者既明亮又具有立体感；前三角光是所有三角光中能使被摄者变得最消瘦的光线，但是对人物的面部结构要求也相对更苛刻。

无论是哪一种三角光基本都对被摄者的面部结构有着一定的要求，也就是说不是任何人都适用三角光，同时在光比的明暗控制上也要根据具体的主题或被摄者的特点来进行相应的变化，这样才能活学活用。

1.不同光源塑造的光效不同

硬光属于较强的光线，照射方向明显，被摄者明暗反差较大，立体感强，形成的三角光投影厚重、明暗交界线显著、过渡较生硬，可以使人物快速消瘦。适合有个性的主题或者画面追求内涵的低调效果，如果合理补光光比较小同样可以用于拍摄女性。

柔光属于漫射光线，光质柔和照射面积大，被摄者明暗反差较小，层次过渡细腻，非常适合拍摄唯美清纯的女性和儿童。

蜂巢：使用蜂巢进行三角光照明，人物立体感非常强，反差大，过渡生硬，眼神明亮。适合表现有个性、有力度的主题。

聚光筒：使用聚光筒进行三角光照明，照明面积较小，人物立体感非常强，反差大，过渡生硬、眼神明亮。适合突出重点、塑造局部。

雷达罩：使用雷达罩进行三角光照明，照明面积较大，人物立体感较强，反差大，过渡生硬，眼神明亮。适合较大面积照明，既要反差大又稍柔和的光效塑造。

柔光箱：使用柔光箱进行三角光照明，照明面积大，人物立体感较强，反差较大，过渡稍柔和。适合表现较柔和的立体感，而且照射面积较大可以拍摄较大景别。

反射光：使用反射光进行三角光照明，照明面积非常大，人物立体感很柔和，反差较小，过渡柔和。适合表现柔和细腻的层次过渡，对皮肤有很好的美化作用。

▲ 标准罩

▲ 柔光箱

▲ 柔光伞

▲ 聚光筒

▲ 反光伞

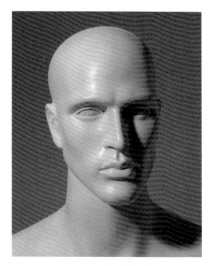

▲ 蜂巢

这是使用标准罩照明的三角光效果

2.不同光比的三角光

三角光布光时以主光在人物鼻子一侧的眼睑下形成一个倒三角形光块为目的，使人物脸部受光面大于暗部形成明暗三七开的受光效果，所以也称为三七光。这种具有明显的明暗光效的用光对人物塑造非常受用，它突出了每副面孔上的微妙之处，即脸部的两侧是各不相同的。其用光效果的关键是控制好明暗之间的反差，用辅助光调节暗部，阴影部分要有一定细节，亮部与暗部的过渡尽量平滑顺畅，这也就是所谓的光比。

▲　较大光比　　　　　　　　　　　▲　较小光比　　　　　　　　　　▼　大光比的三角光效果

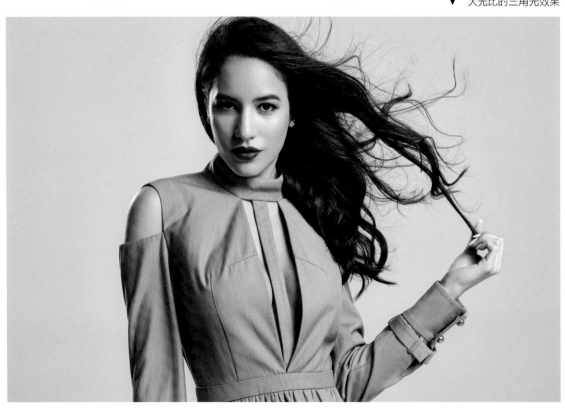

3.不同组合的三角光

三角光在实际运用中并不是单一的,可以根据主题和主体的不同进行组合使用,这方面多体现在主辅光方面。

◆ 主光:硬光
◆ 辅助光:柔光箱
◆ 轮廓光:硬光

使用硬光做主光,人物的立体感强、反差大。使用柔光箱对人物的暗部进行补光。

改变柔光补光的距离或强弱,可产生不同程度的补光效果,即人物的光比变化。这样可以塑造不同的人物性格与画面主题,可以根据具体情况灵活使用。

◆ 主光：硬光

◆ 辅助光：反光板

　　使用硬光做主光，人物的立体感强、反差大。使用反光板对人物的暗部进行补光。反光板补光较弱，要注意角度与距离的选择。

　　改变反光板补光的距离，可以产生不同程度的补光效果，即人物的光比变化，可以根据具体情况灵活使用。

- ◆ 主光：闪光柔光
- ◆ 辅助光：柔光

　　使用柔光箱做主光，人物的立体感较强、反差较弱。使用反光板对人物的暗部进行补光。改变柔光箱补光的距离或强度，可产生不同程度的补光效果，即人物的光比变化，可以根据具体情况灵活使用。

◆ 主光：自然光

◆ 辅助光：反光板

利用自然光做主光，人物的光影过渡自然。使用反光板对人物的暗部进行补光。反光板补光较弱，要注意角度与距离的选择。自然光的强弱变化比较快，需要摄影师根据现场情况灵活掌控。利用自然光拍摄更多的是调整人物的面部角度以使其适应光线。

三角光布光要点

① 主光选择使用硬光还是软光，要根据主题和人物特征来选择。硬光可以使影调清晰、明朗，软光可以使影调柔和、唯美、层次丰富。

② 当三角形光块朝向相机一侧时，人物的脸部会显瘦并具有较强的立体感，过于消瘦的人物慎重使用。

③ 三角光要配合使用辅助光为暗部补光，同时也可以配合使用背景光和轮廓光。

④ 布光时要注意细节。例如，三角形的面积与轮廓的位置，这要结合人物的面部结构特点来布置。

⑤ 注意处于阴影中的眼神光的表现。

Chapter 7

经典布光之派拉蒙布光法

　　蝴蝶光也叫派拉蒙光，是美国好莱坞派拉蒙电影厂在影片或剧照中拍摄女性影星惯用的布光法，后来成为人像摄影中的经典布光法。

　　蝴蝶光的通常布光方式是主光源在镜头光轴上方，也就是在被摄者脸部的正前方，由上向下在45°方向投射到人物的面部，投射出一个鼻子下方似蝴蝶形状的阴影，人物的面部中间亮两侧稍暗，给人物脸部带来一定的层次感。这种用光适合骨感的面孔，对面部较平的被摄者要仔细地调整角度以便体现出蝴蝶光的特效。早在17世纪巴洛克美术绘画的代表人物鲁本斯的作品中就运用了蝴蝶光！古典主义大咖安格尔的作品中也运用了蝴蝶光！

◀　鲁本斯绘画作品《布鲁格尔全家福》

◀ 安格尔绘画作品《大宫女》

不同的光源

可以分为直射光与散射光。直射光照明下人物反差大，鼻子下面的投影浓重；散射光照明下人物反差较小，鼻子下面的投影较浅淡。

① 柔光：使用柔光箱进行蝴蝶光照明，照明面积大，人物立体感较强，反差较大，过渡稍柔和。人物两腮稍暗，适合表现较柔和的立体感觉，并且照射面积较大可以拍摄较大景别。

② 硬光：使用硬光进行蝴蝶光照明，照明面积较大，人物立体感非常强，反差大，过渡硬，眼神明亮。适合修饰人物脸型。

③ 反射光：使用反射光进行蝴蝶光照明，照明面积非常大，人物立体感很柔和，反差较小，过渡柔和。适合表现柔和细腻的层次过渡，对皮肤有很好的美化作用。

▲ 柔光照明

▲ 硬光照明

▲ 反射光照明

投影位置

　　蝴蝶光照明下，鼻子投影长度的控制最为关键。过长不美观，像小胡须，并且人物面部阴影会破坏整体结构，过短则没有蝴蝶光的特征。所以，要仔细控制投影的位置。一般情况下，蝴蝶光照明下人物鼻子的投影位于鼻根与上唇沿的中间位置即可。下图是灯光在三个高度时的不同光影的变化，第一幅是较为标准的蝴蝶光光效。

补光

　　使用蝴蝶光照明，对暗部投影的补光是必须要掌握的。使用蝴蝶光一般会在人物的眼窝、颧骨下面、鼻子下面、下巴下面等部位形成投影，我们要合理地控制这些投影与亮部的明暗对比保证暗部的层次变化。常用的补光工具有柔光箱和反光板。柔光箱，相对反光板补光效果较强但是控制起来较为便捷；反光板依靠反射光源达到补光目的，所以它的补光效果较弱，并且要掌握好反射角度以达到最佳效果。

蝴蝶光加补光的效果

蝴蝶光的组合布光

- ◆ 主光：硬光
- ◆ 辅助光：柔光

使用硬光做蝴蝶光的主光，这样人物的立体感强、反差大；使用柔光箱对人物的暗部进行补光。

改变柔光补光的距离或强弱，产生不同程度的补光效果，即人物的光比变化，塑造出不同的面部特征与画面主题，可以根据具体情况灵活使用。

- ◆ 主光：硬光
- ◆ 辅助光：反光板

使用硬光做蝴蝶光的主光，这样人物的立体感强、反差大；使用反光板对人物的暗部进行补光。反光板的补光效果较弱，所以要注意反光板的角度和距离变化。

改变反光板补光的距离，产生不同程度的补光效果，即人物的光比变化，塑造出不同的面部特征与画面主题，可以根据具体情况灵活使用。

不同角度的蝴蝶光

　　一般情况下蝴蝶光都是用于人物的正面角度，这样光效比较明显，但是这不代表其他角度不能使用蝴蝶光。在其他角度和一些特殊的姿势动作中，蝴蝶光的使用更为灵活，更加富于变化。

　　在正面角度利用蝴蝶光，可以使人物从上到下产生均匀的明暗变化，靓丽且富有层次。

　　在3/4侧面利用蝴蝶光，人物的立体感增强，尤其适合表现形体的曲线。

在半侧面角度利用蝴蝶光，可以使人物产生消瘦感。

在侧面角度利用蝴蝶光，适合表现轮廓，尤其适合凸显鼻子。

拍摄人物的特殊角度时，可以使用蝴蝶光，这时要注意主灯和辅助灯的位置变化，要根据人物的角度变化而变化。

Chapter 8

经典布光之夹光、环形光、侧光布光法

夹光基本就是指光线成一定的夹角来照射被摄者。具有方便、快捷、易变化、易控制等特点，很适合用来拍摄人像。

经典布光之夹光

1.上下夹光

上下夹光也叫高低光、美人光、蚌壳光等。具体的布光是在被摄者的前面，前顶45°的地方布置一盏灯，相应的在下面布置第二盏灯，上下的灯光斜侧相对应，就像是张开的鳄鱼嘴巴，所以又叫鳄鱼光。这种布光是在蝴蝶光基础上演绎出的一种唯美的人像布光方法。它使人物面部得到柔美均匀的光照，又在脸颊两侧产生淡淡的阴影而使人物具有立体感。这样的上下夹光既可以打出立体的效果又可以制造靓丽的平光光效。

（上）硬光主光＋（下）柔光补光

上面使用硬光作为主光，下面使用柔光辅助照明。硬光强度较大、光质硬，使人物产生明显的投影，柔光则提亮阴影调节反差，两束灯光相辅相成互相作用。这样的上下夹光组合可以任意控制画面的光比和影调，同时由于是硬光做主光，使得人物的质感和锐度都能得到很好的表现。下面的柔光装置可以使用柔光箱也可以使用反光板。

（上）柔光主光 + （下）柔光补光

    上面使用柔光作为主光，下面使用柔光辅助照明。柔光相对直射光强度较弱、光质柔和，使人物产生的投影过渡柔和，再配合柔光补光使画面的影调反差柔和、细腻、层次丰富。这样的上下夹光组合可以拍摄出靓丽唯美的图片，对人物的肤质美化有很好的作用。

2.左右夹光

　　左右夹光布光最常用到的就是平光。在被摄者的左右45°的位置各放置一盏灯，两盏灯的输出功率一致，交叉照明，让被摄者靓丽、干净，但是立体感较弱。在这个基础上也可以改变两盏灯的距离或输出功率以增强立体感。另外，还可以改变光源，如使用硬光和柔光不同光质的组合，左右夹光照明，这样被摄者的立体感强，明暗反差明显。

◀　左右平光

▲　左右立体光

3.十字夹光

　　十字夹光具有柔情似水的光效特点。利用四个柔光装置上下左右呈十字形交叉照明，这是一种无影光，会达到柔和、明亮、清爽的效果。同时，对被摄者的皮肤起到神奇的柔化、修饰作用。这样的布光效果非常平，立体光效不强，所以适合五官结构较为立体的被摄者。

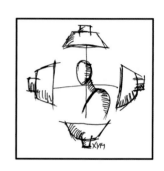

4.对角夹光

对角夹光也是一种非常实用的布光方法，也就是说在被摄者的前侧与侧后方位置呈对角线的形式布置两盏灯，交叉照明。这样布光，让被摄者的一侧容易产生立体感变化，适合低调人像或者有个性的主题使用。

夹光的使用方法还有很多，可以在光质、光强、光色、光位等方面变化，这样布光方式就会更加丰富。

经典布光之环形光

　　环形光要求主光照亮人物，要在与之相对的一侧面颊上投射出一个向下的弧线形鼻侧影，如果布光的位置和角度合适，主光投射到人脸上的阴影应该在鼻子未被照亮的一侧，但是不能明显地延伸到那一侧面颊的暗部。环形光很适合表现古典风格的人像，在西方美术史中学院派的古典主义代表人物安格尔就很擅长使用环形光。

　　《泉》这幅作品完美结合了古典美、自然美和理想美。一位年轻的裸女，正手拿陶罐，让里面的水缓缓地流出，营造出一种恬静、典雅、纯洁的视觉效果。光线处理上采用高位前侧光、大面积照明，营造出了古典风格。

　　对于男士的肖像绘画，安格尔使用了环形光使人物既明亮又具有立体感，显得沉稳有内涵。

　　安格尔善于把握古典艺术的造型美，把这种古典美自然地融入画中。他从古典美中得到一种简炼而单纯的风格，构图严谨、色彩单纯、形象典雅！所以我们在使用环形光时也要遵循安格尔的这种风格。

1.不同光源的环形光

不同的照明光源所产生的环形光效果不同。下面分别使用了不同光源来塑造环形光，看看每一种光效的区别。可以在实际的拍摄中根据不同的主题、不同的人物特征来选择不同的照明光源。

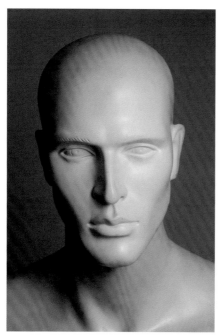

▲　柔光伞照明

▲　闪光灯照明

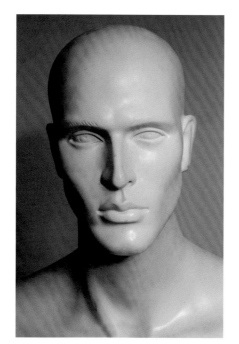

▲　反光伞照明

▲　持续光照明

2.不同光比的环形光

　　任何一种布光方法都离不开光比的控制，环形光也不例外。大光比的环形光使人物有较强的立体感、明暗反差大；小光比的环形光使人物的立体感较弱、明暗反差小。

◀　大光比的环形光光效

小光比的环形光光效

经典布光之侧光

　　光线的照射方向与拍摄的方向成90° 角，这样出来的光效就是侧光。侧光，俗称阴阳光，让被摄人物立体感强、肌理质感好、具有神秘感！

◀　在使用侧光照明时，由于明暗反差过大，要以亮部曝光为准，暗部要适当补光

▲　当人物正面角度使用侧光照明时所呈现的就是阴阳光的效果

▲ 人物侧身站立，侧面再加上侧光照明，使人物立体感强，可以看到明显的光线照射方向

▲ 使用加了色片的侧光照明，会让画面产生炫目的效果

◄ 侧光照明可以分为单侧光与双侧光。这是单侧光效果，被摄人物立体感强

◀ 这是双侧光效果，人物侧脸会有明显的主光照明效果

◀ 这是左右侧夹光效果，人物正面会有明显的阴影，彰显神秘感

夹光、环形光以及侧光经常使用，对人物的塑造也是独具魅力！这三种光可以结合使用，会变换出更多的组合效果。

Chapter 9

独具魅力的逆光

逆光是非常有魅力的光线，无论是拍风光还是拍人像逆光都是大家非常喜欢的光效。逆光的运用具有一定的难度，对摄影师的技术要求比较高。

逆光的概念与作用

光线的照射方向与拍摄的方向相对，这样的光线就是逆光。逆光可以分为正逆光和侧逆光两种，正逆光与拍摄方向成180°角、侧逆光与拍摄方向约成135°角。

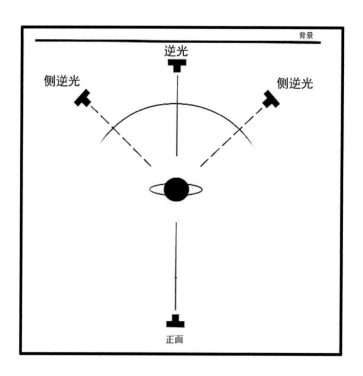

逆光拍摄，一般情况下应选择较暗的背景进行反衬或者进行遮挡投射，制造出较强的光比反差，强化逆光光效，达到轮廓清晰、凸显主体的艺术效果。

逆光的作用：

① 强调轮廓，增强立体感

② 使画面有空间感

③ 渲染气氛

④ 增强被摄主体的通透感

⑤ 增强视觉冲击力

⑥ 深入刻画人物性格

冷色调的侧逆光为画面增添了静谧的气氛

柔和梦幻的侧逆光增强了画面的视觉效果

完全逆光充满着通透感，让画面看起来更加梦幻

窄长的侧逆光使人物的神态得到更好的演绎

逆光人像的对焦

　　逆光拍摄时被摄人物较暗，相机对焦会出现延迟甚至对不上焦，可以利用人工照明将人物照亮保证对焦顺利完成（尼康相机自带对焦辅助照明，可以很好地解决逆光或暗黑环境下不易对焦的问题），所以这时候相机的对焦模式以及对焦点的选择就非常重要。

1.相机对焦点的选择

　　选择单点对焦，对焦点可以放在中心，这时候对焦是最迅速、最精准的，但是也要根据情况有所变化。

　　① 当使用较小光圈时，可以采用中心对焦锁定焦点，然后移动相机进行二次构图。

　　② 当使用较大光圈时，可以直接构图，然后将对焦点移动到指定位置对焦。

　　以上这两点需要大家根据具体情况来进行选择。

▲　使用较小光圈逆光拍摄

▲　使用较大光圈逆光拍摄

2.对焦目标的选择

不要选择空白或光滑的地方对焦，要尽量选择有物体、粗糙的位置对焦，如在逆光拍人像时尽量选择人物的眼睛或嘴唇对焦。当拍摄主体过暗时（如夜景、逆光等），尼康相机可以打开辅助对焦灯来协助对焦。

逆光人像用光的补光技巧

在逆光条件下被摄主体基本处于背光的状态，如果不想拍摄剪影就一定要给人物进行补光。最常用的补光方法有两种，一种是使用反光板补光，另一种是使用灯具进行补光。

◀ 窗户光作为大面积的逆光使画面通透，使用米菠萝板（泡沫板）给人物补光，使画面比较自然

▲ 拍摄环境人像经常会用到逆光，一般情况下会在前面使用热靴闪光灯向屋顶闪光，利用屋顶的反射光给人物补光，这样光线柔和，并且照明范围较大

拍摄外景逆光人像使用热靴闪光灯补光

▲ 拍摄外景逆光人像使用折叠反光板补光

▲ 利用窗户光线进行逆光拍摄，使用持续光给人物补光并很好地保留了现场气氛

逆光拍摄中的剪影处理

拍摄剪影时被摄主体本身往往只具有黑色的外形轮廓，不包含任何细节，只留下最基本的线条和形状，表现出强烈的抽象美感和艺术气息。

逆光拍摄被摄主体背景会变亮，被摄主体会变暗。逆光是剪影拍摄中使用得最多的光线。剪影基本分为完全剪影和半剪影。

拍摄逆光剪影时，测光相当重要，如果测光错误可能会让主体过曝，拍不出剪影。

1.利用自动挡拍摄时的测光方法

可以选择点测光模式，并对着天空或主体背后的光源测光，可以配合曝光锁来锁定测光，这样就可以拍出剪影效果。

2.利用手动挡拍摄时的测光方法

使用全手动模式，可以参考点测光所提供的快门速度和光圈数据。虽然在自动挡模式下调整曝光补偿减少曝光也可以拍摄剪影，不过为增加拍摄成功率，最容易出效果的还是使用全手动模式拍摄。一般情况下只需要对背景的光源测光，再提高快门速度和收小光圈来减少曝光就能拍出剪影效果。

画面的气氛能够牵动观看者的情感。由于剪影就是一个黑影，除了轮廓要好看，背景要搭配，更重要的是带出整体的气氛。纵使我们看不到具体的表情和细节，也可以通过画面来感受整张照片所表达的情感。

逆光拍摄很容易出效果，同时也比较难控制，希望大家能多加练习反复实践，让逆光人像具有独特的魅力。

Chapter 10

清新亮丽的包围光

　　很多时候我们都会利用灯光组来完成拍摄，其中包围光是一种比较常用的灯光组合形式，可以帮助我们更快、更好、更出色地完成拍摄任务。包围光的组合很多，下面介绍几种常用的组合方法。

一灯包围

　　只用一盏灯来布置包围光，真的可以吗？大家可能会认为包围光应该会用到好多盏灯吧！摄影布光是不会根据灯光的数量而决定胜负的，而是根据主题来选择使用。一灯包围当然还需要其他辅助照明工具，最常用的就是反光板了。可以使用反光板将人物包围起来，再使用一盏硬光灯照亮天花板。整个场景的主光来自天花板的反射光，然后利用多块反光板进行均匀补光，这样得到的光效具有柔和、平淡、朦胧等特点，适合拍摄朦胧、唯美、梦幻的主题。

注意事项：

① 注意唯一的光源：单灯要有较高的亮度才能保证反射光的强度。

② 注意灯光与天花板的角度，要考虑入射角与反射角，保证反射的光线能照射到被摄者。

③ 在较弱灯光下要使用大面积的反光板，才能使反射的光线均匀，同时也要找好反光板的角度保证最佳的反射率。

④ 这样布光并不会产生过于平淡的效果，因为光源主要来自上面的天花板，很容易形成柔和的蝴蝶光光效，明亮中有着小光比的微妙立体变化。拍摄特写时，可以增加一块小反

光板作为底光补光。

⑤ 主要利用了反射光光质柔和的特点，适合拍摄私房照、具有意境的中灰调照片。但是，画面的锐度会稍弱，所以追求高清晰效果的拍摄不适合使用此种布光方法。

两面双灯

由两盏灯来完成包围布光，可以有几种变换组合。如下面的光位图所示，最常用的就是将被摄者用大的反光板包围起来，在后侧逆光的位置布置两盏灯。这样布光通透是最大的特点，双侧逆光可以照亮前面的反光板，反光板再反射回来照亮人物的正面，光质柔和，可以让被摄者皮肤细腻、层次丰富；在照亮反光板的同时，双灯的羽化光还可以在被摄者的两侧产生轮廓光光效，这样让被摄者看起来通透、立体。

在侧逆光位置的两盏灯有多种选择可以变换出多种布光方法：双柔光箱，柔和细腻；双硬光，立体感强；软硬混合，具有变化；色温不同，颜色梦幻。

使用双硬光侧逆反射照明，人物轮廓明显，反射光强度较大，能形成明亮且立体通透的效果。但是注意，拍摄时镜头不能吃光，以免使图片发灰。这样布光也非常适合模拟室外拍摄效果。

使用一盏柔光灯和一盏硬光灯进行侧逆反射照明，人物有不同的轮廓和微妙的立体变化，随着调整被摄者的角度，可以出现窄光、头发光、泛光等不同光效。但是注意，拍摄时镜头不能吃光，以免使照片发灰。这样布光也非常适合拍摄实景环境。

其次，在大的组合变化上还可以继续演变。将双灯置于被摄者的前面，成45°角形成夹光，两块反光板位于人物两侧。由闪光灯直接照明，再加上反光板的包围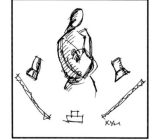

反射，这样的组合具有光线明亮、清晰度较高等特点。

注意事项：

① 注意镜头不要吃光，适合使用中长焦拍摄。

② 反光板的角度要精细调整，这决定着反射光的强弱。

③ 在光线的控制上，曝光要准确，以免出现照片发灰的现象。

④ 双侧逆照明也可以在色温上寻求一些变化。

最后，利用透射的原理形成包围光。使用大块的柔光布将被摄者包围，在柔光布的外面再增加两盏灯，利用大的柔光布产生大面积的柔化光。这样可以使被摄者被柔和的光线包围，产生干净、柔和、靓丽的效果。这样的布光可以进行两种变化，一种是两盏灯使用柔光箱（或是多灯柔光箱组成的灯组，通过一块柔光布形成大面积的光线），这样通过大的柔光布可以产生双重柔化的效果；另一种是两盏灯一盏使用柔光箱另外一盏使用硬光光源，在光质和光强上产生变化，使这种包围光产生细微的立体变化。

三灯包围

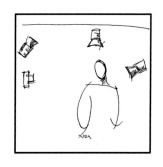

三灯包围的组合，在两灯的基础上，再增加一个辅助光源即可。例如，将被摄者用大的反光板包围起来，在后侧逆的位置布置两盏灯，在被摄者前面使用一盏灯照亮天花板利用反射光给整体画面补光。

也可以将这盏灯直接照射被摄者，为人物增加立体感的变化。这两种方法都以不破坏整体的布光光效为主。

注意事项：

① 三灯组合的变化都可以在两灯的基础上进行添加来完成，以不破坏现有光线，适当增加变化为主。

② 光线较多，不能出现杂乱的现象，要分清主次。

四灯包围

四灯包围的组合富有变化，具有通透明亮的特点。在被摄者的四周围上柔光布，在外面四个方向布灯，形成全包围式的布光。但是，这四个方向的灯光可以在光质和光强上进行微调变化。四个柔光箱，光线极其柔和细腻；一盏硬光灯三盏柔光灯，在平光中增加立体变化；后面两盏硬光灯前面两盏柔光灯，前面两盏灯照射反光板让柔和的反射光包围被摄者，后面使用双侧逆光，前后协作形成明亮有质感的光效。

注意事项：

① 这样的全包围布光，可以全方位地进行拍摄。

② 注意细微的灯光变化，增加立体感。

③ 曝光要准确，保证明亮的灰、浅灰、亮灰和白之间的细腻层次过渡。

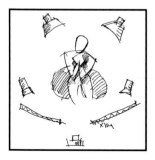

多灯包围

　　多灯包围使用五灯或五灯以上的全方位布置，更加突出包围的特点。在四灯的基础上，增加顶光的照明，使被摄者处于光的海洋中。拍摄起来更自由、更随意，适合抓拍。

注意事项：

① 多灯组合更加复杂，要分清主次，以免光影混乱。

② 这样的组合适合高调或淡彩的主题使用。

③ 适合形体和五官较为端正的被摄者，以免在这样的光线下人物的缺点暴露无遗。

④ 可以全方位、多角度地进行拍摄。

⑤ 镜头要使用遮光罩，以免出现眩光，必要时也可以故意吃光使画面更加朦胧、迷离。

多灯包围可以使被摄者明亮且具有立体变化，整体产生通透感。

Chapter 11

环境人像的模拟布光

环境人像不同于一般的人物肖像，它更注重人物与生活环境或工作环境的关系，强调人物情绪和环境氛围的表现。环境与人的组合，达到情景交融、人景融合的目的，也可以表现人与环境的反差与对比。

人工布光的位置固定下来的同时，也在角度、光比等方面对模特的自然表达形成了限制，很多随机的、表露特定情绪的瞬间和多变的拍摄角度，会由于相对固定的布光而被迫牺牲。所以，如何充分利用现有的环境光线结合人工光线是我们讨论的重点。这是用光的关键问题，环境的布光其实就是光线中的模拟光。所以在布光中不是主灯、辅灯、侧逆光的简单组合，而是要采用一主多辅的组合方式。同时，在光质、色温、投射方向等方面也要结合背景环境精心策划。必要时一定要画出现场的布置效果图。

拍摄环境人像的五个要素

1.主体

在环境人像中，人是摄影的主体，是画面的核心，以主体人物来展示情调，直接从人物的面部表情、动作和服饰等方面着手拍摄。

2.环境

在环境人像中，环境是摄影的陪体，分前景和后景，前景有时可以使用道具，但环境的设计不能脱离主体的表现。

3.合理搭配道具和对画面细节的掌控

道具具有呼应主体的作用，它使观者直接感受到画面的环境气氛，可渲染厚重的情感色彩，也可以丰富画面表现，让人产生很多联想。

在道具的选择上一定要本着少而精的原则，而不是大量道具的堆砌，与主题无关的物品尽量不要出现。精心挑选、合理搭配、突出主体、渲染气氛，这是选择道具的主要依据。

4.科学的透视和正确的比例

　　拍摄环境人像时很多摄影师不关心透视和比例的问题，比例失调会导致人物与背景环境脱离或者出现矛盾空间。关于把握透视，首先就是镜头的选择，长焦镜头有压缩空间的作用，广角镜头有视角宽、景深大、光学畸变明显、空间通透感强的特点，标准镜头有真实还原的作用等，要在不同的场景中选择使用所需焦段。其次，要了解透视的原理，否则画面中容易出现矛盾的空间透视。

透视中的角度透视

　　形体的角度不同会引起长短、宽窄的透视变化，可以利用角度透视的方法恰当地调整人物的形体曲线、面部宽窄和胖瘦，以及调整画面道具的角度和位置与背景进行合理搭配，使构图丰富、富有立体变化。这样的透视方法适合室内的立体实景的表现，因为室内的立体实景往往受室内面积的影响空间感不够、拍摄距离不足，所以角度透视的变化会合理地丰富画面，如果再好好利用广角镜头的夸张效果，就能拍出奇特的感觉。

透视中的远近透视

　　远近透视主要是由于对观察对象的距离变化引起的透视变化，这种变化不仅表现了被摄对象的远近，同时也能反映出其与透视点的相对位置，可以使画面产生纵深感，具有拉大远近空间的效果。

　　远近透视配合中长焦的虚化效果，比较适合表现空间较大的立体实景（但是最好使用持续光源保证大光圈），或者在场景较大的背景中使用，有利于表现人与人之间、人与道具之间、人与环境之间的空间感。

　　另外，画面中如果有地平线出现那么拍摄点的高低就会很重要，它的不同变化会使人物的比例发生变化。所以，选择不同的拍摄高度和不同的镜头透视，以及相关背景景物的参照物都非常关键。

5.恰当的景深营造

　　景深在环境人像的拍摄中是一种最常用的手段，要处理好景深的问题，才能更好地凸显环境人像的特征。如果想要保留环境的特征或肌理，那么一般会采用较大的景深，但是容易导致主体不突出，所以一定要利用构图技巧将主体突出；如果现场环境比较杂乱或者想突出特殊的气氛，一般会采用较小的景深。

▲　使用较大光圈逆光拍摄

大景深的环境人像

环境艺术人像布光的四个基本构成要素

背景光、逆光、修饰光（点光）、反射光这四类光线对于环境艺术人像的拍摄来说较为重要。

1.背景光

背景光是塑造环境场景的重要光线，所以背景光在某种程度上被称为"环境光"，在不同的场景中，有时还称背景光为"天幕光""气氛光"等。背景光主要是照亮被摄对象周围环境及背景的光线，用它可调整人物周围的环境及背景影调，烘托各种场景内的气氛。

在实际运用中背景光因内容、被摄对象、创作想法及要求不同，其用光方式也不同。静态人像与动态人像、单人与多人，其用光方式也不同。在环境场景的背景用光中，要准确把握创作意图、场景特征、气氛要求、背景材料的属性以及它的反光特性等。

◀ 硬光做背景光：光照强、立体感强、反差大、方向非常明显

▲ 柔光做背景光：光照较弱、立体感较弱、反差较小、方向较明显

▶ 瞬间光做背景光：光照较强、立体感较强、反差较大、方向较明显

▲ 持续光做背景光：光照较弱，被摄主体的明暗反差一目了然，方向可以直接控制，适合制造景深表现空气透视感

2.逆光

　　逆光人像具有艺术魅力，表现力较强。虽然逆光条件增加了摄影的难度，但是在实际拍摄中利用逆光往往可以达到某种不同寻常的视觉效果和艺术气氛。

　　逆光人像轮廓清晰、质感透明。一般情况下应选择较暗的背景进行反衬或者进行遮挡投射，制造出较强的光比反差，强化逆光光效，达到轮廓清晰、凸显实景人像的艺术效果。

3.修饰光

　　修饰光又称装饰光，是用来修饰被摄对象某一细部的光线。例如，人物的服装光泽、眼神光、头发光，以及用于场景某一细部的光线。使用修饰光的目的是美化被摄对象和渲染场景的局部。用法比较自由，可以从各种角度进行照明。一般使用较小的灯具，运用修饰光不能显示出痕迹，不能破坏实景的整体照明效果。

　　使用点光的方法有很多，基本上都是选择使用亮度较大、光质较硬的直射光作为光源，再加上相应的附件。比如，使用大功率的硬光加蜂巢、聚光筒等所产生的点光。利用点光的聚光特点，集中塑造场景的局部以达到烘托整体环境气氛的目的。

（1）如何在较为纷杂的光线中将人物凸显出来呢?点光这时候就可以起到这个作用。使用加有聚光筒的强烈的点光对人物面部照明，将其他杂光冲掉，突出人物并且还保留了其他大部分的混合光。在这样复杂的光线环境中使用点光，点光的范围要尽量小，否则会破坏其他光效。

（2）均衡画面。点光源的用途很多，突出重点、点缀局部的同时还具有均衡画面的作用。

（3）对场景起到交代典型环境特征、活跃气氛的作用。

4.反射光

反射光也可以称为散射光，具有照明面积大、光质柔和细腻以及强度较弱等特点，很适合环境人像使用。既可以给被摄人物补光照明，又不会破坏拍摄现场的光线氛围。

反射光在使用的过程中要注意：一是要选择合理的反光材料，比如白色的墙壁、屋顶以及反光板等；二是要注意反光点的选取，保证反射光线能完全照射到被摄人物，这个过程要遵循"入射角等于反射角定律"；三是使用的光源尽量要选取较大功率的灯具。

使用反射光给人物补光

▲ 利用反光板的反射光线给人物补光

环境艺术人像的组合光线运用

可以根据环境场景的特征，进行系统的组合布光。这就包括了上面讲的给场景照明的基础光线，也包括在环境中给人物照明的光线。

所以，在场景的组合布光中要遵循两点：首先，保留场景中的现场光线或者对场景进行加光处理；其次，根据场景给人物布光。

▲ 在背景的书架上布了一盏持续光源，使背景不沉闷而有变化，人物面部使用道具台灯照明

▲ 首先测光，保留场景的光影效果，然后使用小型闪光灯给人物补光

▲ 在窗户外面使用闪光灯对面部进行照明，模拟窗户光线效果，再使用反射光给人物照明

拍摄环境艺术人像所追求的不单是逼真，而是要刻画情绪、情景交融。不能只对景物与人物的表面进行描写，更多的是要调动人物的情绪，使人物与背景环境达到情景交融、深化主题，这是对一名摄影师综合能力的全方位考验与检测。

Chapter 12

外景人像拍摄的用光技巧

外景人像的用光比较重要，利用与控制好大自然的光线是拍好外景人像的前提。所以，拍摄外景人像用光的重点是利用与控制。利用，主要是指摄影师要根据拍摄地点、拍摄当天的天气、光照特点，利用现场的光线来进行拍摄，没有增加人造光；控制，根据外景环境特征以及主题的需要，增加人工光线参与照明控制现场光线。

这里分为两大部分来给大家介绍：补光工具和用光技巧。

补光工具

1.反光板

它是利用光源反射照明，也具有柔光的效果，有泡沫板、可折叠的银色反光板、可折叠的金色反光板、黑色吸光板、自制银箔反光板等。使用反光板时要注意反光板的反射角度，以免主要的反射光线照射不到主体人物。

反光板本身并不发光，它只是反射周围的光线。作为最常见的营造光线环境的辅助设备，反光板算得上是最便宜的摄影附件了，但它的功能却不容小觑。反光板用途广泛，可用于拍摄花卉、静物等，但其最大的用途还是拍摄人像。无论在影棚内拍摄还是外景拍摄，反光板都是人像摄影中不可或缺的重要工具。

现在市场上销售的反光板大多是可以折叠的，反光板四周使用了弹性很好的金属圈，折叠后体积小巧，打开后直径一般在1米左右。还有在方形的外框上蒙上反光率较大的材质制作出来的方形反光板，以及用苯乙烯材质制成的反光板。这种反光板的优点在于容易固定位置，一般来说不需要助手协助，缺点是体积庞大，重量也不小。方形反光板更常见，在摄影器材城里很容易就能买到，而苯乙烯反光板往往要根据个人需要自己制作。

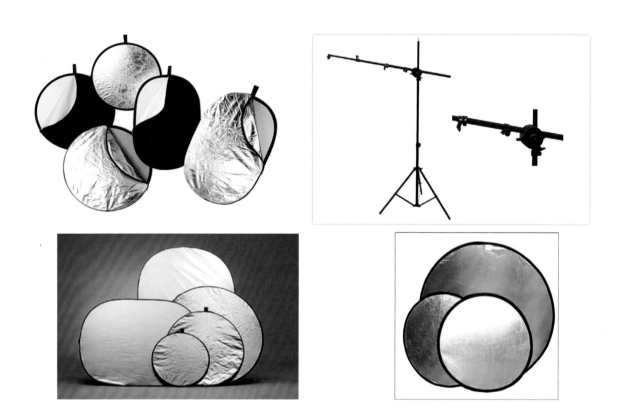

灵活选择并使用反光板的反光面可以营造出柔和、自然的光线效果，反光板起到的作用也是通过反射光线达到阴影的平衡，以迎合拍摄意图。

在晴朗的日光下使用白色反光板

晴朗天气的直射阳光，光线过于强烈，光质也比较硬，如果这时使用银色反光板，就会形成较为强烈的光线效果，在逆光环境中会非常不自然，而且会令被摄者觉得十分刺眼。因此，建议大家在强光下使用反光效果次于银色反光板的白色反光板，这样能削弱一些直射阳光的光线，达到柔和环境光线的目的。也有摄影师喜欢直接将反光板置于模特头顶或光源方向，让光线透过白色反光板，同样可以实现让光线变柔和的目的。

在阴天的时候使用银色反光板

银色反光板的光线反射率最高，适合在多云天气或阴天时使用，顺光使用可以消除头发的阴影，逆光使用可对人物进行补光。如果直接将反光板朝向模特，那么建议一定要让反光板离模特远一些。除此之外，在拍摄室内静物时，为加强一边的光线，也可以使用银色反光板增强光线效果。

◀ 傍晚拍摄时使用银色反光板补光

▲ 阴天拍摄时使用银色反光板补光

独具魅力的金色反光板

金色反光板并不被摄影师广泛使用，有证据表明金色反光板在某些特定的环境下使用时会导致画面的暗部出现诡异的颜色。但是金色反光板的魅力却是不容忽视的，金色反光板在人像摄影中同样可以展现出独特的魅力。在拍摄人像时，金色反光板更能吸引被摄者的注意，并在他们的眼睛和面部形成完美的金黄色光晕，为画面增添一丝童话色彩。另外，金色反光板在拍摄时除了能起到反射光线，进行补光的作用，还能在一定程度上掩盖人体皮肤的瑕疵，让皮肤看上去更加细腻。在日落的时候使用金色反光板还能拍摄出发丝泛光的人像。

总之，白色反光板的反射率较低，但光质柔和，适合在晴天逆光条件下使用。银色反光板的反射率较高，可在阴天充分发挥其强大的反射效果，以达到增强光线的目的。金色反光板更多用于表现拍摄意图的光线塑造。黑色吸光板一般用于遮挡光线和吸收光线，当光线过于杂乱时需要使用黑色吸光板遮挡杂光，当被摄主体过于平淡时可以使用黑色吸光板增加被摄主体的暗部，加大反差。但是这也不是定律，应该根据不同的拍摄情况，合理地选择不同颜色的反光板，以达到拍摄目的，实现拍摄意图。

米波罗反光板

米波罗反光板是由高密度的泡沫板制成的，大量使用在影视拍摄中，在人像摄影中多用于室内影棚，用来营造柔和的拍摄光线。

2.人工光源

可以用于补光的灯具比较多，最常用的可以分为两种：一种是闪光灯，一种是持续光灯。闪光灯具有闪光强度大，适用范围广的特点；持续光具有强度可调、现场感强的作用，适合环境人像或弱光情况下使用。

◆ 闪光灯：相机机顶闪光灯、热靴闪光灯、大功率外拍灯等。

◆ 持续光灯：LED灯、钨丝灯。

◆ 配件：灯架、魔术腿、雷达罩、柔光箱、柔光伞、专业脚架等。

相机机顶闪光灯

很多数码相机都带有机顶闪光灯，它具有功率小、功能多、使用方便等特点，但是由于闪光灯是和相机是一体的，所以照明存在一定局限性，也就是照明方向和拍摄方向永远是一致的，这就会导致闪光光效一直是平淡的顺光。

尼康机顶闪光灯的闪光强度是可调的，一是通过闪光灯按钮，二是在菜单中进行调节。在实际拍摄时可以使用小配件柔化机顶闪光灯的光质，这样光线会比较柔和。

小型热靴闪光灯

小型热靴闪光灯具有便携、易操作等特点，并且还可以多灯离机使用，相对于机顶灯来说就更加方便使用和专业。

大功率外拍闪光灯

大功率外拍闪光灯具有体积大、重量较大、闪光强等特点，适合在较强的室外阳光下进行补光、压光，以及商业广告拍摄时使用。

持续光

持续光具有所见即所得的特点，适合在保留现场环境特征的情况下给人物补光，对气氛的营造有着很好的作用。

▲ LED 持续光

用光技巧

1.逆光

逆光是一种具有艺术魅力和较强表现力的光线，广义上的逆光包括完全逆光和侧逆光。从光位上看，完全逆光是对着相机，从被摄主体的背面照射过来的光，也称"背光"；侧逆光是从相机左、右135°的后侧面射向被摄主体的光，被摄主体的受光面占1/3、背光面占2/3。

逆光非常适合拍摄浪漫、清新、神秘主题的人像。在实际的拍摄中，如果逆光较强一般采用三点一线的方法，也就是相机、被摄者、逆光（不包括侧逆光）在一条直线上，这样能很好地表现人物的轮廓线条，同时避免由于镜头进光所产生的照片发灰的问题！如果是侧逆光就要进行适当的遮挡！

　　逆光照明时要使用反光板或闪光灯给人物进行补光，反光板补光会比较自然，闪光灯补光要注意强度与光质的控制。

▲　使用反光板补光得到比较自然的画面

◄　使用闪光灯反射补光得到清新的画面

使用闪光灯打立体光影显时尚个性

2.吃光

在使用逆光或侧逆光拍摄时有时候要避免吃光，但是很多时候也可以利用吃光来使画面产生更加浪漫、炫目的效果！吃光的窍门有很多，下面来介绍几个。

首先，找到相机、被摄者和逆光的三点一线，然后稍稍将相机错位即可！

其次，尽量让逆光的光点出现在较暗的环境中，或者在暗色的边缘出现，如人物的头发或较深的背景线条等。这样，产生眩光的效果才会更漂亮，否则画面会白花花一片！

最后，可以用手在镜头前面进行遮挡，寻找最佳的吃光效果！

3.迎着光

　　在室外，往往可以利用阳光来拍摄人物，但是要避开中午前后的强烈阳光，一般会选择早晨或傍晚的直射阳光！在直射阳光的照射下人物反差大、立体感强、有现场感！要根据光线的照射方向来合理地选择光位（顺光、侧光、前侧光、顶光），同时通过合理的补光来调节反差和控制暗部层次。

▲　中午迎着光拍摄

◀　下午迎着光拍摄

▲ 傍晚迎着光拍摄

4.散射光

在阴天时，阳光被云遮挡而不能直接投向被摄者，被摄者依靠天空反射的散射光照明，不能形成明显的受光面、阴影面和投影，光线效果比较平淡、柔和，这种光线就叫漫射光或散射光，也称软光。在树木或建筑阴影中的光线也属于散射光，也具有同样的光效。

在这样的散射光线照明中容易产生过于平淡的效果，可以适当地使用闪光灯或反光较强的反光板进行补光，以增加人物的立体感！

▲　傍晚利用散射光拍摄

5.压光

拍摄外景人像时，经常看到背景的蓝天白云拍出来会白花花的一片，蓝色的海水拍出来就不蓝了，要么就是人物的脸部正常，但白色衣服死白一片等。这都是因为我们拍摄的是人像题材，要以人物面部曝光为准，这样其他反光率比较高的物体就会曝光过度导致毫无层次。所以，我们要使用压光的技巧，也就是利用光比加强低反光率物体的亮度、压住高反光率物体的亮度以此来得到平衡。拍摄人像要借助外景闪光灯来完成这个任务，如果是拍摄风景那么就要使用滤镜来调整，其实道理是一样的！

第一，利用光圈来压光。也就是把相机的快门速度设为闪光同步速度，调整光圈先把环境拍出想要的层次与明暗，然后使用闪光灯提亮人物，这样既可以压暗环境又可以得到大景深效果。这种方法只需要一支普通较大功率的闪光灯即可！

第二，利用速度来压光。也就是使用一定的大光圈，提高速度先把环境拍出想要的层次与明暗，然后使用闪光灯提亮人物，既可以压暗环境又可以得到小景深效果，还适合抓拍动态人物。这种方法需要一支能够高速同步的闪光灯才可以！

6.柔光

　　当我们在很强的阳光下拍摄且无处可躲时，可以使用柔化光线的技法。比如，使用柔光板、柔光屏等。在阳光与被摄者之间使用柔光板、柔光屏，可以人为地将较强的阳光进行遮挡、柔化，从而改变光线的性质，这样人物的反差、立体感就会得到很好的调节和改善。

7.遮挡光

在强光下拍摄时还可以使用遮挡光线的技法。比如，使用吸光板、挡光板等。在阳光与被摄者之间使用吸光板、挡光板，可以人为地将较强的阳光进行遮挡，从而使直射的光线变成阴影光，然后再使用较柔和的反光板给人物补光，这样人物的层次和反差就会更加柔和细腻。

8.跳光

　　在拍摄外景时无论使用什么样的光线做主光，补光都是必不可少的。补光的方法非常多，其中跳光的使用是比较特别的。那么什么是跳光？就是所谓的反射光。利用闪光灯对着反光板、墙壁、水面等可以反射光线的材质照射，利用反射回来的光线进行照明。为什么要费这么大劲，直接照明不就可以吗？很多人会有这个疑问。

利用跳光拍摄当然是有好处的。首先光线会变得柔和细腻；其次光线的范围会变大；最后会减弱闪光的强度，利用大光圈拍摄时很适合用来补光。这几点正是我们在拍摄某些主题时所需要的。

9.组合光1

　　外景人像的用光很多时候并不是简单使用一个控光或闪光的工具，往往要使用组合式的工具来进行控光和布光。

多个反光板组合使用让光线更加完美

通常情况下，为逆光补光，只需要一块反光板就足够了。但是有的时候为了让光线更加均匀，或是为了打造更复杂的光线环境，就需要两块或多块反光板。在光线较为强烈的逆光情况下，使用第一块反光板能起到从光源相反方向补光的效果，使用第二块反光板可以自由地加以控制，打在发梢上以增强头发质感，或是调整角度以提亮面部阴影。这样就能通过两块反光板进行简单的补光，轻松拍摄出效果更好的人像照片。

10.组合光2

准备多盏闪光灯和触发器（最好使用锂电池供电和可以遥控多组闪光灯的触发器）以及相应的闪光灯附件（柔光箱、聚光筒、柔光伞等）。

Chapter 13

夜景人像的用光技巧

　　夜景的光线非常有魅力，在夜景的弱光条件下拍摄人像是有难度的，对摄影师的技术要求较高，尤其是控光能力。在弱光条件下拍摄不利于表现人物的细节和层次，也不利于准确还原色彩，那么我们为什么还热衷于拍摄夜景人像呢？因为，弱光条件下拍摄人像有一个非常重要的好处，就是现场气氛好！这是其他光线很难比拟的。

夜景拍摄的硬件要求

1.镜头——恒定大光圈

　　现场光线较弱，甚至很弱，那么恒定的大光圈就能发挥作用了，否则很难拍摄甚至不能拍摄！

2.镜头——非球面镜片

　　当光线入射到非球面镜片时，光线能够聚焦于一点，消除各种像差和畸变（枕状或桶状），提高成像质量。

3.镜头——超低色散镜片

　　采用超低色散镜片的镜头具有很强的抗色散能力，成像清晰度高，色差小。

4.相机——宽容度

　　在弱光环境中往往很多光源的局部反差较大，所以，要求数码相机的宽容度要大一些。

5.相机——高感性能

　　高感降噪功能在弱光条件下经常会用到，尤其是镜头光圈不够大时。

6.脚架

　　弱光条件下，"小光圈慢速度"是一定会用到的，所以照片的清晰度就很难保证，那么使用脚架是必需的也是明智的。

夜景人像拍摄

夜晚没有了明亮的阳光，但是受各种颜色的照明灯、霓虹灯的影响，往往会让画面显得更为丰富、艳丽。虽然夜幕的景色非常漂亮，但很多摄影者却不能拍出它的美，往往都是人物曝光过度，而背景却漆黑一片，不能将环境的现场光表现出来。这就需要我们来控制环境的弱光，再合理地给人物补光，平衡及保留环境光。

1.选择适合拍摄夜景人像的时间段

通常秋冬季节拍摄夜景人像在17：30-18：30左右比较适合；而春夏季节拍摄夜景人像在19：00-20：00左右比较适合。如果拍摄时间太早，天还很亮，就表现不出夜景的效果；如果拍摄的时间太晚，天空又漆黑一片，就很难体现出环境的衬托。所以，我们常常会根据主题合理地选择拍摄时间，再配合适当的补光。

▲ 在北方夏天傍晚 19 点左右日落时拍摄，使用较大功率闪光灯提亮人物压暗环境，这样既有傍晚的气氛又保留了天空层次

2.选择适合拍摄夜景人像的环境

如何选择拍摄夜景人像的环境、地点是令很多人像摄影师头疼的事情。其实选择环境、地点并不难，主要是先想好拍摄的主题内容，根据拍摄者的要求，确定呈现出什么样的视觉效果。一般拍摄夜景人像多会选择商场的玻璃橱窗前、大型灯箱广告牌前、色彩漂亮的霓虹灯周围或是有很多灯光照射的广场等。选择地点的时候，宜选择一些有发光体的环境，照片中夜景的暗调才能更好地被烘托出来。

▲　选择远处有灯光的环境进行拍摄，这样的夜景人像会更有特点

3．保留夜景环境的弱光气氛、合理地选择辅助照明

利用硬件工具以及曝光组合先将夜景的环境特征正确地表现出来，然后在曝光组合不变的情况下增加补光照射人物，以平衡人与环境的光比。

① 反光板：它不是自身发光的工具，它只能在有明亮的照明光源时才能反射出光线，然而在夜景中并没有明亮的照明光源，虽然有的灯光也比较亮，但是和阳光、闪光灯相比还是弱很多，再加上距离被摄者较远，反射回来的光线会非常微弱。所以，可以在傍晚光线仍然较明亮时使用，但是相对使用得不多。

② 大功率外拍闪光灯：这属于能发光的辅助照明工具，与反光板相比更适合夜景拍摄使用。它所发出的光线强弱可调节，可根据拍摄需要进行设置。但是整体上对比，便携式外拍闪光灯的功率比较大，不适合在夜晚用，否则会使背景漆黑一片没有层次。便携式外拍闪光灯适合在傍晚、天色还很明亮时使用，这样可以压暗背景、保持环境的层次，体现出夜景的特色。

③ 热靴式闪光灯：在夜晚可以使用热靴式外拍闪光灯加各种附件，如柔光伞、柔光箱等，可以通过柔光装置来减弱外拍闪光灯的强度，这样就会比较好地控制人物与背景光线的光比。

▶ 使用两支热靴闪光灯进行拍摄，一支在远处打逆光、一支在前面给主体人物照明，既可以合理控制闪光灯的强度，又保留了现场的环境光

▶ 使用热靴闪光灯进行反射式照明

④ 便携式持续光灯：这属于能发出持续光的辅助照明工具，具有所见即所得的特点，可以在明亮的夜景环境中辅助使用。

▲ 在保留了现场环境光的情况下，使用持续光 LED 灯给人物合理照明

⑤ 发光体照明：在夜景环境中有许多发光体，这也是我们可以利用的照明光线。可以利用广告灯箱的光线进行照明，但是发光体的光线一般较弱，所以拍摄时一定要使用脚架。

特殊的弱光拍摄技巧

1.慢速闪光

慢速闪光，可以使用闪光灯，速度放慢，或者使用B门和脚架拍摄。用闪光灯使人物成像然后趁着快门还没有合上时将镜头快速变焦或摇动产生光线的轨迹变化，也可以相机保持不动人物运动等。要多尝试才能不断积累经验。

►▼ 使用 B 门拍摄，闪光过后再移动相机

利用慢速闪光加变化焦距拍摄

2.光绘

　　将相机设定为长时间曝光的模式，使用持续10秒或更长的曝光时间，尽量把摄影师想象中的艺术形象加以实现。因为曝光时间足够长，相机可以记录下挥动的每一道光线的轨迹。

后记

　　一本书的完成靠的不是一个人的力量，在编写的过程中得到了专业机构以及专业人士的帮助与支持，在此要感谢北京尼康影像体验馆、感谢神牛灯光为本书图片的拍摄提供了大量灯光设备，感谢北京神牛灯光的孙龙飞经理，感谢百艺影像俱乐部，感谢长春首尔首尔婚纱摄影会馆、开云艺术培训学校，感谢摄影师孙睿、曲修辉为本书拍摄大量插图，感谢赛格摄影的摄影师强子，感谢摄影师小马哥、宋健、无心、樊慧阳、宋余汉为本书提供图片，感谢化妆师王若曦、约瑟，感谢后期修图师狼烟、大诚、宋健、陈杰、何米线等。

　　还要感谢为本书拍摄插图的专业模特们：孙蜜唯、龙二、玉婷、CYY、杨茹、妮亚、高宝儿、飞飞、雅倩、米莎、景伊、张腾、赵美璇、刘嘉、SOI、黄蓉、张梓然、达利亚、小麦、黄彩丽、武子熙、萱萱、蛐蛐、小帅、茱莉亚、雨欣、可欣、米杨、菲菲、依依、小惜、乌兹尔、艾琳娜、狼烟、阿紫、静依依、小柯、依依、尹娜（娜大宝）、柯仁睦等，是他们的精彩演绎使本书更加赏心悦目。

　　感谢北京邢氏影像高级摄影讲师高鲲、海阔、李萧，感谢邢氏影像商业摄影师相怀侔，感谢北京IDu.时尚造型化妆培训讲师杜杜，感谢参与拍摄的北京邢氏影像学堂以及邢氏影像部分会员：海马、牛德乾、霍尔兰、吾甫尔、陈丽、陈巍、刘彬、乐惠、覃艺、张晓青、浩天、韩立炀、杜娟、青藤、赵玲娟、钟延辉、王洪杰、段志华、彭文武、张文革、郝宝石、卢涛、校学林、周峻岭、友国、张跃、李振江、东林、张庆、周鑑清、贾炳焕、李伟、陈硕、赵鑫、王兴明、燕子、玉兔、时宇阳、沈卫建、黄贺吉、王奇、徐海滨、龚庆军、乔建民、杨华、赵金、大鹏、阿多、康康、李明等。

　　编著匆忙不能尽善尽美，如有疑问可以关注摄影师技术联盟微信平台：xingshichuanmei，也可以添加邢亚辉的微信：xingweiphoto进行咨询，衷心希望此书能对大家有所帮助！

邢亚辉

读 者 服 务

　　读者在阅读本书的过程中如果遇到问题，可以关注 "有艺" 公众号，通过公众号与我们取得联系。此外，通过关注 "有艺" 公众号，您还可以获取更多的新书资讯、书单推荐、优惠活动等相关信息。

　　投稿、团购合作：请发邮件至 art@phei.com.cn。

扫一扫关注 "有艺"